你好，太空

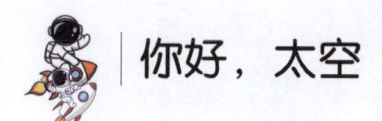

嫦娥揽月

主编◎庞之浩　文/图◎王　燕

二十一世纪出版社集团
21st Century Publishing Group

图书在版编目（CIP）数据

嫦娥揽月 / 庞之浩主编；王燕文、图 . -- 南昌：
二十一世纪出版社集团, 2025.2. -- （你好，太空）.
ISBN 978-7-5568-8658-6

Ⅰ . V1-49
中国国家版本馆 CIP 数据核字第 2024R0B222 号

你好，太空　　嫦娥揽月
NIHAO,TAIKONG　　CHANG'E LANYUE

主编◎庞之浩　　文 / 图◎王　燕

出 版 人	刘凯军
项目统筹	姜　蔚
选题策划	方　敏
责任编辑	朱凌飞
美术编辑	雷　燕
出版发行	二十一世纪出版社集团
	（江西省南昌市子安路 75 号　330025）
网　　址	www.21cccc.com
经　　销	全国新华书店
印　　刷	南昌市印刷十二厂有限公司
版　　次	2025 年 2 月第 1 版
印　　次	2025 年 2 月第 1 次印刷
开　　本	720 mm×960 mm　1/16
印　　数	1～10 000 册
印　　张	9
字　　数	100 千字
书　　号	ISBN 978-7-5568-8658-6
定　　价	30.00 元

赣版权登字 -04-2024-785　　版权所有，侵权必究
购买本社图书，如有问题请联系我们：扫描封底二维码进入官方服务号。
服务电话：0791-86512056（工作时间）；服务邮箱：21sjcbs@21cccc.com。

主编的话

　　我们很幸运，生活在一个科幻逐渐成为现实的时代。未来已至，它不断丰富我们的生活，拓宽我们的视野。宇宙浩瀚无边，陌生而遥远，从太阳系中各个行星的发现到人造卫星的发射，再到月球漫步、火星登陆，人类一直在不停地探索未知，这些科学探索都离不开航天科技。航天科技是一项综合性很强的高新科技，也是世界上最昂贵的科学技术，它代表着一个国家的科研水平和经济实力。

　　这几年，中国航天成绩斐然：天宫圆梦、嫦娥揽月、北斗组网、天问奔火……每个中国人都为之骄傲，倍感振奋。在从航天大国迈向航天强国的道路上，中国航天人一步一个坚实的脚印，将科幻化作现实。

　　中国空间站开设的"天宫课堂"，将教室搬上太空，可敬可爱的航天员们担任"太空教师"，让航天全面走进中国孩子的生活，点燃孩子们的航天梦。学习和了解航天知识，成为所有家长都在关注、所有孩子都渴望做的事情。这套"你好，太空"系列丛书是献给孩子们的原创航天科普图书，第一辑共四册，分别是：《天宫筑梦》《嫦娥揽月》《祝融探火》《北斗导航》。丛书聚焦我国令人惊叹的航天成就，介绍了中国建造空间站、探测月球和火星、研发北斗导航卫星的过程及成果，并将太空环境、火箭、飞船、探测器和航天史等知识融会贯通，让孩子们沉浸式体验太空的神奇美妙、航天的尖端科技。孩子们在享受阅读的同时，还可以开阔视野，激发科学兴趣，了解中国航天创举，见证中国航天大事件，增强民族自豪感。

《嫦娥揽月》这本书从人们的月亮情结讲起，介绍了月球相关的知识和孩子们比较好奇的问题，比如：月球上为什么有那么多陨石坑？月球的一天有多长？月海为什么不是海？为什么月亮只有一面对着地球？如果月亮消失了，我们的地球会怎样？……之后介绍了进入太空的第一人加加林、美国的"阿波罗计划"等，着重介绍了中国探月工程"绕、落、回"的三步走计划，详细介绍了嫦娥一号至嫦娥六号的实施过程。

　　2004年，中国正式开展月球探测工程，并命名为"嫦娥工程"。嫦娥工程分为"无人月球探测"、"载人登月"和"建立月球基地"三个阶段。中国人的探月工程，为人类和平使用月球做出了新的贡献。

　　关于嫦娥工程，你是不是有很多问题想问？比如：为什么要探测月球？嫦娥一号在月球都做些什么呢？月球车长什么样子？嫦娥五号取样返回的过程是怎样的呢？嫦娥工程未来还有哪些计划？我们中国人什么时候登月？……在本书中，你能找到所有问题的答案。

　　《嫦娥揽月》这本书完整梳理了中国探月工程所有里程碑事件，从已经发射成功的嫦娥一号到嫦娥六号，再到未来的探索月球计划都包含其中，一本书搞懂中国探月工程的"绕、落、回"航天知识，内容权威，知识密集，生动有趣，符合青少年的阅读习惯。

2024年8月

人物介绍

爸爸
科普作家。双眼闪烁着智慧和机敏的神采，还有几分诙谐和幽默。他博学多才，简直就是"移动的百科全书"。

妈妈
图书插画师。说话很温柔，脸上总是挂着微笑，对孩子们的要求总是尽量去满足。

甜甜
五年级的女生。典型的学霸，对航天史如数家珍，尤其对载人航天着迷，梦想是成为一名航天员。

小航
三年级的男生。小小航天迷，好奇心很强，对天上发生的一切事情都很感兴趣。

目　录

1 / 人们为什么对月亮情有独钟

7 / 和月球有关的超酷事实

13 / 月海不是海

19 / 为什么月亮总以同一面对着地球

25 / 月相和月食

31 / 月球上的名人公寓

38 / 如果月亮消失了，我们的地球会怎样

45 / 进入太空的第一人

50 / "阿波罗计划"究竟是怎么回事

57 / "嫦娥"奔月——中国探月工程

61 / 嫦娥一号首次"绕"月

69 / 嫦娥一号，你在月球都做些什么呢

74 / 嫦娥二号从月球驶向宇宙

79 / 嫦娥三号稳稳落在月球表面

86 / 智能机器人——玉兔号月球车

91 / 嫦娥四号未动，"鹊桥"先行

97 / 嫦娥四号在月球背面降落

103 / "二兔子"的探索之旅

107 / 发现"神秘小屋"

112 / 嫦娥五号成功取样返回

120 / 嫦娥六号带回世界首份月背样品

135 / 嫦娥探月工程未来计划

人们为什么对月亮情有独钟

"明月几时有，把酒问青天。不知天上宫阙，今夕是何年……"甜甜一边哼着歌，一边看妈妈画画。妈妈是一名图书插画师，她刚画完一幅海上明月图，正准备在画上题诗。

"这幅画好美啊！大海、明月，让人浮想联翩。"甜甜感慨道。

"谢谢夸赞。甜甜、小航，你们认为这幅画配什么诗好呢？"妈妈问。

"'床前明月光，疑是地上霜'或者'小时不识月，呼作白玉盘'，怎么样？"小航脱口就是两句。

甜甜接着说："弟弟这两句诗背得挺熟练，但和大海没有关系，听听我的！'海上生明月，天涯共此时'，'海底有明月，圆于天上轮'，'春江潮水连海平，海上明月共潮生'……"

"我看'海上生明月，天涯共此时'这句和画的意境很搭。"爸爸说道。

妈妈也表示赞同。

"既然说到了和月亮有关的诗，那我就要考考你们，为什么古人

你好，太空

这么喜欢描写月亮？"爸爸用手指了指天空。

"可能因为月亮圆圆的、亮亮的，很好看吧！"小航笑道。

"月亮圆圆的确实很好看，但月亮从初一到十五会由月牙变成圆盘，从十六到三十又由圆盘变成月牙，月亮的变幻不定，容易让诗人联想到多变的人生，这应该是他们喜欢写月亮的主要原因。"爸爸说。

"不少文人墨客都喜欢借月抒发人生感怀，在中国文人的笔下，月亮被赋予了清逸、相思和寂寞的内涵。和月亮有关的诗词多半是富有哲理的，文人们总喜欢对着月亮表达自己的内心世界。如'花间一壶酒，独酌无相亲。举杯邀明月，对影成三人'。"甜甜接着说。

"另外，思乡是游子们创作时永恒的主题，诗人如影随形的乡愁

往往寄托于明月来抒发，望月思乡激起了大家的审美共鸣。如'露从今夜白，月是故乡明'。"妈妈说，"还有抒发思念之情的诗句，'但愿人长久，千里共婵娟'，'同来望月人何处？风景依稀似去年'，'明月楼高休独倚，酒入愁肠，化作相思泪'。这几句诗分别反映了诗人对亲人、爱人的思念之情。"

小航说："这些诗句真美啊。我一定要背下来。"

是啊，月亮在中国人眼中，从来都不是一颗普通的星球，它明亮而神秘，美丽而静谧，在中国文化中，神话传说、诗词歌赋、民俗习惯等都赋予了它更多的文化内涵。月有升落圆缺、隐现明暗，古人觉得每一种意象都关乎人类精神和命运的传承，传递着人们的悲伤与欢乐。

妈妈说："在中国神话故事中，月宫住着美丽的嫦娥、可爱的玉兔，还有伐桂树的吴刚。甜甜、小航，你们知道吗？嫦娥奔月的故事，最早出现在西汉时期的哲学书《淮南子·览冥训》中，说嫦娥吃了不死药飞到了月亮上，变成了一只蟾蜍。"

"啊？嫦娥仙子怎么变成癞蛤蟆了呢？"小航说。

"后来的诗人充分展开联想，一致认为嫦娥奔月后还是女儿身，并且有玉兔相伴，不再孤单。"妈妈说，"嫦娥奔月的故事，大家都知道，但月亮上的玉兔、吴刚和桂树到底有着怎样的故事，你俩谁能说说呢？"

"妈妈，我来说吧。相传，吴刚想修炼成仙，但不小心犯了错误，所以被罚砍伐桂树。月桂高五百丈，是不死神树，因此吴刚只能日复一日、年复一年地伐桂。还有另一个传说，讲述的是南天门的吴刚与嫦娥关系很好，此事激怒了玉帝，于是吴刚被罚去月宫砍树。"甜甜说。

"两个版本的吴刚都逃不了伐树的命运，感觉比动画片里的伐木工光头强还可怜。"小航说道。

"伐木工吴刚的故事太过悲伤，而玉兔的故事则很暖心。相传很久以前，有一对修炼了上千年的兔子成仙，雄兔被玉帝召唤至天庭，在南天门偶遇被押送去月宫的嫦娥。雄兔十分同情她，回到家中与雌兔讲起此事，夫妻决定将最小的女儿送去月宫陪伴嫦娥，于是月宫里便多了一只可爱的兔子。"妈妈说。

小航听完后，若有所思地问："姐姐，我现在有个问题，天上有月亮，也有太阳，为什么写月亮的诗这么多，而写太阳的诗好像很少呢？"

"这个问题嘛，我还没有完美的答案，还是请爸爸回答吧。"甜甜朝爸爸做出请的手势，爸爸马上也回了一个遵命的手势。

"我的理解是这样的，月光无限温柔，也不刺眼，但太阳光就完全相反。如果太阳代表男性，那月亮就代表女性。开天辟地的盘古是男性，捏土造人的女娲是女性。我们之所以喜欢月亮、崇拜月亮，是因为我们内心自然地亲近母亲，是母亲给了我们生命。而且在没有照明的年代，月亮在夜晚给人们指路，解决了晚上出行的问题，所以大家更喜欢月亮。"爸爸说，"另外，这也和民族的性格有关系。我们中华民族崇尚以和为贵，不喜欢与人争斗，所以我们更喜欢温柔的月亮。古人称日为'太阳'，称月为'太阴'，远古先民认为月亮的盈

亏变化体现了神奇的生命力。中国古人向往天人合一，相信生死轮回，大概与月亮周而复始的圆缺盈亏有着密不可分的关系。"

"中国人对太阳很敬畏，因为太阳有时候是灾难的源头，所以英雄后羿才要射日，也才有了后来嫦娥奔月的传说。"甜甜说道。

"孩子们，不仅古人喜欢写月亮，现代人也喜欢写呢，我给你们朗诵几句吧。"爸爸拿起书本开始朗诵，"'月光如流水一般，静静地泻在这一片叶子和花上'；'塘中的月色并不均匀，但光与影有着和谐的旋律'；'到处都弥漫着碎银般柔和清澈的月色'。孩子们，你们在这些句子中，是不是体会到了月亮柔和、宁静、朦胧的美？这与中国文学中追求含蓄、清幽、淡远的境界十分吻合。"

"真的很美，我都陶醉其中了。"小航做出喝醉晕倒的样子，又伸开胳膊拥抱空气，说道，"月光好美，月亮好美，此刻的我，哪也不想去，就想飞上天，到月球小住几天，和嫦娥说说话，看吴刚伐伐树，送玉兔几根胡萝卜吃吃，那该多好啊！可惜没有直达列车。"

"不用着急，目前人类已经开展了130多次探月任务，对月球的认识越来越丰富，早晚有一天，我们能乘坐宇宙飞船登上月球，而且，这个宇宙飞船还是直达的。"甜甜憧憬道。

和月球有关的超酷事实

小航读了一本关于月球的书,但他对书中提到的月球形成的猜想之———"撞击说"不太明白,就问道:"爸爸,能给我讲一下月球'撞击说'吗?"

爸爸瞅了眼小航的书,答道:"在古代欧洲,就有人提出了月球'撞击说'的理论,那时有人发现欧洲大陆和非洲大陆中间缺失了一大片陆地,形成了地中海,他们觉得这块土地可能飞到了天上,形成了月球。古人的想象力很丰富,也很浪漫。随着科学技术的发展,人们开始探索月球形成的原因。有关它的起源有几种假说,但没有一种解释毫无破绽,其中被普遍认可的是'大碰撞说'。现在已经找到很多证据,证明在45亿年前,有个与火星大小差不多的小天体,名叫忒伊亚,撞击了地球,导致地球四分五裂,瞬间迸溅了大量物质。这些物质离

忒伊亚撞击地球　　　撞击碎片形成月球

你好，太空

开了地球，在太空中不断地相互吸引、合并，形成了最初的月球。那时月球正处于熔融状态，直到1亿年前，月球上的大多数岩浆海洋已经结晶，密度较低的岩石向上漂浮，最终形成月壳。"

小航说："爸爸、姐姐，你们看，咱们地球看起来美丽多彩，月球却千疮百孔。都是星球，怎么差别就这么大呢？"

甜甜说："小航，看来你的书没白看啊，提的问题很好。我来回答你吧。首先，陨石坑在岩石星球是广泛存在的，我们的地球在很久以前也有密密麻麻的陨石坑，但后来地球上活跃的地质运动，还有茂盛的植物，把很多陨石坑给填满了，所以现在留在地球表面的陨石坑屈指可数。其次，地球稠密的大气层会把袭击地球的小型天体消磨殆尽，所以掉在地球上的陨石数量并不是很多。

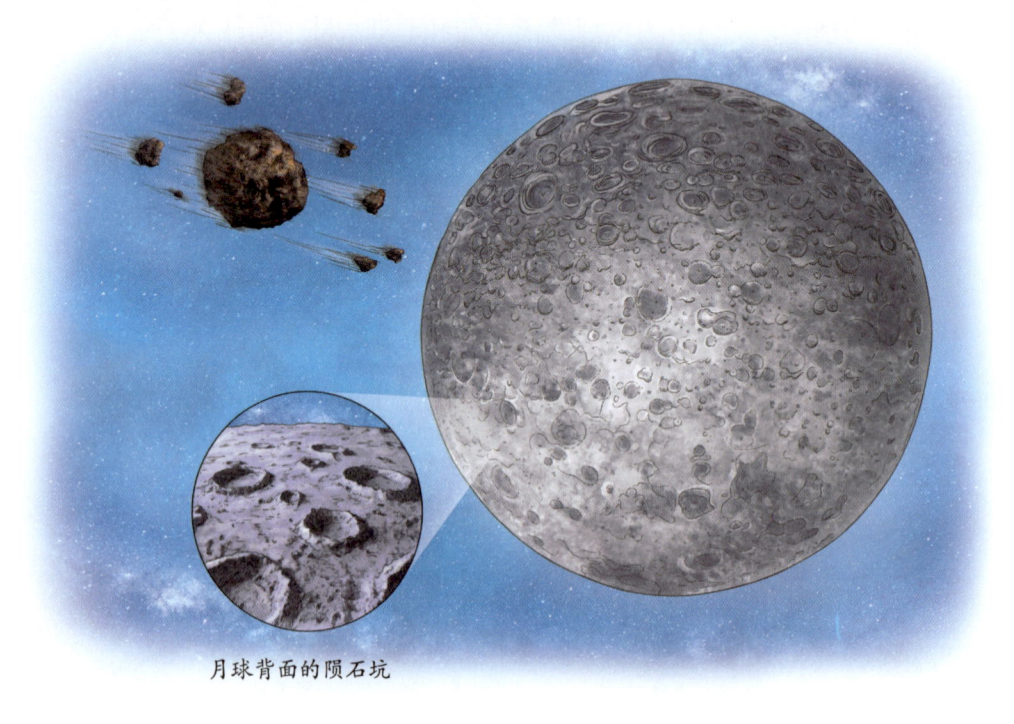

月球背面的陨石坑

"而月球之所以有那么多的陨石坑,首先是因为月球没有地球这样厚实的大气层,进入月球的小型天体不会像进入地球大气层时那样,因摩擦而燃烧,然后体积变小,速度变慢,而是直接撞上月球。小行星、流星体和彗星不断袭击月球表面,留下了大大小小的陨石坑,通常把月面的这种形态结构称为环形山,也叫撞击坑。其次,月球没有出现过明显的火山活动和板块运动,不像地球会经过漫长的地质运动而改变地表的形态,比如曾经的沧海能变成桑田。你知道喜马拉雅山脉吧?很久很久以前,那里是喜马拉雅海,现在人们还能在山上发现不少海洋生物的化石呢。月球没有地质变化,所以保留下了从月球起源至今所有被撞击的证据。再次,月球没有风、植被和海洋,陨石坑不会被侵蚀变小,也不会被植物覆盖。数十亿年来,这些撞击使月球表面被一堆木炭灰色的粉状尘埃和岩石碎片覆盖。"

"姐姐,我看书上说月球上面有很多陨石坑,但没有陨石原体。那么撞击月球的石头都去哪儿了呢?"小航接着问。

"陨石以非常高的速度去撞击月球的时候,会释放出大量的热能,落在月球上后大部分会快速熔化掉,所以才没有陨石原体。"

小航恍然大悟,称赞道:"姐姐,这个问题都难不倒你,你这几天是不是在偷偷用功,恶补月球知识啊?"

甜甜说:"小航,你说对了。我身边有你这个'十万个为什么'整天发问,我不提前做点功课的话,一旦被你问住岂不丢人?

"月球半径约为 1 740 千米,不到地球的 1/3,月球的体积大约只有地球的 1/49,质量约为 7.35×10^{22} 千克,相当于地球质量的

1/81，月球表面的表面重力约为地球表面重力的 1/6。月球与地球相隔大约 38 万千米，这个距离大约可以并排放 30 颗地球。另外，月球正在慢慢远离地球，每年大概远离 3.8 厘米。月球既自转，也围绕地球公转。月球面对着太阳的一面最高温度可以达到 127 ℃，而背对着太阳的那一面的最低温度可以达到 –183 ℃。"

小航问："姐姐，太阳应该比月球大很多很多，但我们白天看到的太阳和晚上看到的月亮，大小似乎差不多大，这是为什么呢？"

甜甜说："太阳和月球看起来差不多大，是近大远小的原理。"

爸爸说："甜甜说得对。太阳的直径约为 140 万千米，月球的直径约为 3 500 千米，大概只有太阳的 1/400。但为什么我们抬头看太阳和月亮会觉得它们几乎一样大呢？因为太阳到地球的距离差不多是月亮到地球距离的 400 倍，就像分数的分子、分母同时扩大 400 倍，化简后的值还是一样的，所以我们在地球上看太阳和月亮几乎一样大。而且当地球、太阳、月亮转动到同一直线的时候，太阳还会被遮挡，这也是为什么我们能看到日全食、日环食这样的天文奇观。"

小航说："爸爸讲得真好，我懂了！谢谢爸爸。"

妈妈走了过来，说："我们一起画张月球图吧！"大家一致赞成。

妈妈先画好了月球，然后又画了一个宇航员正蹦跳着前进，宇航员身后留下一串串脚印。

小航问："妈妈，您画的是第一个登上月球的阿姆斯特朗吗？"

妈妈说："是的，1969 年 7 月 20 日，美国的阿波罗 11 号宇宙飞船成功登陆月球。随后，两名宇航员成功踏上月球。阿姆斯特朗在踏上月球表面这一历史时刻时,道出了一句被后人奉为经典的话——'这是我一个人的一小步,却是全人类的一大步'。因为月球的引力大约是地球的1/6,宇航员在月球上会感到体重很轻,所以像是跳跃着走路。"

小航问道:"妈妈画了月球表面,那么月球内部是什么结构呢?"

爸爸耐心地解释道:"月球核心是组成月球物质的最中心的部分,月球与地球一样有壳、幔、核等分层结构。一般认为,最外层的月壳平均厚度约为65千米,月幔位于月壳和月核之间,可分为上月幔和下月幔,有人把月幔的下限定在1 388千米深处;月幔下面是月核,月核的温度约为1 000 ℃,很可能处于熔融状态,月核半径300～500千米。月核半径大概只占了月球半径的20%,月核的成分至今尚不清楚,但多数科学家相信富含金属铁,并且确定月核有一部分是熔融状

态的。熔融状态是指原在常温下是固体的物质，在达到一定温度后熔化，成为液态。"

小航又问道："月核的温度挺高的，不会导致火山爆发吗？"

妈妈答道："月球上也有火山，但已经不会爆发了。月球上的火山与地球火山相比，可谓老态龙钟，它们的年龄在 30 亿～40 亿岁之间。年轻的地球火山仍然十分活跃，而大部分月球火山都没有任何地质活动迹象。所以，月球被天文学家称为'熄灭了'的星球。"

"'熄灭了'的星球，真是太形象太有趣了。"小航开心地说，"爸爸，月球上有白天和黑夜吗？"

爸爸说："当然有啦，只要会自转的星球，都有白天和黑夜。月球上白天和黑夜交替非常明显，没有黎明和黄昏。白天是一片刺眼的阳光，太阳落山后，马上就是一片漆黑的世界。另外，月球的自转周期和公转周期是一样的，你知道月球公转周期是多久吗？"

小航说："公转一周正好是一个月吗？"

爸爸称赞道："小航真棒，已经很接近了！月球公转周期是 27 天 7 小时 43 分，大约是 28 天。月球上的一天，其实大约是地球上的 28 天，其中前 14 天是漫长的白天，烈日当空，最高温度达到 127 ℃；后 14 天是凄冷的黑夜，黑夜无边，最低温度低至 –183 ℃。以后到月球写日记的话，要准备个厚点的日记本啊！"

小航说："嘀！月球上住一天，等于地球上住一个月！"

月海不是海

这天晚上的月亮分外圆，小航一家人在一个遍布水道和树木的荒野公园里露营。白天，一家人乘船体验了湖上泛舟的风情，还在森林里学习野外生存等户外技能；当夜晚来临，一家人围坐在篝火边，听涛赏月享自然，真是惬意啊。

小航一边望月一边问："姐姐，月亮里面那几块很暗的地方，是什么东西？月亮月亮，应该很亮才对啊！"

你好，太空

甜甜回答道："小航，月亮之所以发亮，是因为它反射了太阳的光，可不是它自己会发光。你看到的那些暗色的区域，应该是月海。当我们用肉眼仰望月球时，看到的大面积的阴暗区就叫作月海。月海其实就是月球上比较低洼的平原，地势较低，类似地球上的盆地。"

小航立刻追问："月亮上不是没有水吗？为什么会把平原叫海呢？没有水还能叫海吗？"

爸爸说："小航，月海啊，其实不是海，这个问题说来话长，要追溯到400多年前。1609年，意大利科学家伽利略把自己制作的一个直径4.4厘米的简陋望远镜对准了月球。这根像管子一样的东西一头嵌上凸透镜，另一头嵌上凹透镜，能放大32倍，做工非常粗糙，样子实在算不上好看。别看这个望远镜简陋，可是相当管用。在伽利略把望远镜对准月球的时候，他惊讶地发现，望远镜里月亮的样子和他平时看到的完全不一样。月亮上面竟然有很多洞和坑，看起来像一

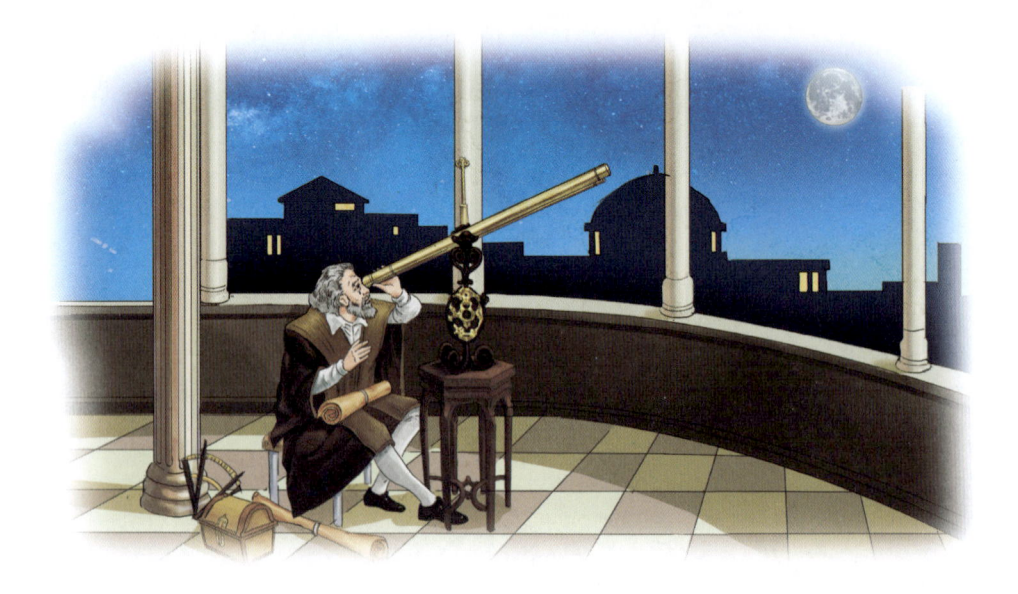

个布满痘痘的'大麻脸'。

"伽利略觉得这个发现非常有趣,他感觉自己看到了月面的大海、山谷、平原、河流、丘陵和坑洞。于是他画了一张图,把月球上的洞和坑都描绘了出来。他把月球上看上去比较暗的部分,称为'月海',看上去比较亮的部分,他以为是月亮上的陆地。"

"哈哈,大科学家也有感觉出错的时候,月球上根本没有水啊,他怎么能看到大海和河流?他把没有水的地方命名为海,也太草率了吧?"小航说。

甜甜说:"小航,伽利略的望远镜只能放大32倍,能看到这么多已经很不容易了。如今把相机连接到高倍望远镜上,很多人都可以拍出一张令人惊叹的月球照片。"

爸爸说:"伽利略当时的观测确实受到了科技水平的限制。目前已知的月海共22个,其中15个分布在月球正面,3个分布在月球背面,4个分布在边缘地区。在月球正面,月海的面积超过了50%,其中最大的'风暴洋'面积约为228万平方千米,差不多是中国陆地面积的24%。大多数月海大致呈圆形、椭圆形,且四周多被山脉围住,但也有一些月海是连成一片的。"

"'风暴洋',这名字听上去很酷。"小航说。

"那姐姐考考你,什么是海,什么是洋?海和洋有什么区别呢?"甜甜问。

"海和洋的区别,我还真不知道呢。"小航想了想,摇摇头。

"'海'指的是大洋靠近陆地的部分,有明显的海岸线,是航运、渔业、旅游等活动的重要场所。比如渤海、黄海、地中海、红海等。

"而'洋'则是指被水覆盖的广大地方，如太平洋、大西洋、印度洋等，它们没有明显的海岸线，是地球上最大的水域。

"可以简单地说，海洋的边缘部分称为海，海洋的中心部分是洋。"甜甜说。

小航说："这样说我就懂了，洋比海大。谢谢姐姐。那月球上既然有海了，是不是就意味着也有湖泊、河流之类的？"

妈妈拍着手说："小航，这下真被你说中了！除了海以外，还有地形与之类似的湖，如梦湖、死湖、夏湖、秋湖、春湖，但有的湖比海还大，比如梦湖面积约 7 万平方千米，比汽海的面积还要大得多。月海伸向明亮区域的部分称为'湾'和'沼'，如露湾、暑湾、中央湾、虹湾、眉月湾和腐沼、疫沼、梦沼。"

甜甜说："有海有湖，也该有溪吧？"

爸爸说："对，月溪是月球表面上的一种暗色细长的裂缝。月球上除了月海、月湖外，还可以在月面上看到一些大的暗色的裂缝，弯弯曲曲绵延数百千米，宽达几千米，看起来像地球上的沟谷，这种地貌类型中较宽的被称为月谷，较细长的被称为月溪。总之，地球上有的，月球上几乎都有，但就是没有液态水。"

多数科学家认为月海是小天体撞击月球时，撞破了月壳，导致月幔流出，玄武岩岩浆覆盖低地形成的。还有一种观点认为小天体的撞击和玄武岩的喷发是发生在两个时间：在 40 亿～39 亿年前，月球曾遭受到小天体的剧烈撞击，形成广泛分布的月海盆地，称为"雨海事件"。在39亿～31.5亿年前，月球发生过多次剧烈的玄武岩喷发事件，大量玄武岩填充了月海，厚度达0.5～2.5千米，称为"月海泛滥事件"。月海因此而成。

"我们用肉眼仰望月球时看到大面积的阴暗区叫月海，那么我们肉眼能看到的明亮区域是什么呢？"小航问。

"明亮区域是月陆，其实就是月球上的山脉。月陆是高出月海的区域，它一般比月海高两三千米，由于月陆主要由浅色的斜长岩组成，反照率高，因而看起来比较明亮。在月球正面，月陆的面积与月海大致相等，但在月球背面，月陆的面积要比月海大得多。从同位素测定可以知道，月陆比月海古老得多，是月球上最古老的地形特征。"爸爸说，"月球上的山脉常借用地球上的山脉名，如阿尔卑斯山脉、高加索山脉等，其中最长的山脉为亚平宁山脉，绵延1 000千米，但高

度不过比月海水准面高三四千米，大多数山峰高度与地球山峰高度相仿。高度 6 千米以上的山峰有 6 个，5～6 千米的有 20 个，4～5 千米的则有 80 个，1 千米以上的有 200 个。"

爸爸继续说道："一些较'年轻'的环形山常带有美丽的'辐射纹'，这是一种以环形山为辐射点的向四面八方延伸的亮带，它几乎以笔直的方向穿过山系、月海和环形山。辐射纹长度和亮度不一，最引人注目的是第谷环形山的辐射纹，最长的一条长约 1 800 千米，满月时尤为壮观。哥白尼和开普勒两个环形山也有相当美丽的辐射纹。据统计，月球上具有辐射纹的环形山有 50 个。"

"爸爸，月球上的环形山为什么有辐射纹呢？"小航问。

"辐射纹与环形山的形成有关。现在许多科学家都倾向于'陨星撞击说'，通常只有较大规模的撞击坑才能形成超长辐射纹。"爸爸说。

为什么月亮总以同一面对着地球

已经晚上9点多了,小航和甜甜还是没有睡意,他们坐在帐篷里继续聊月球。

"姐姐,为什么月亮总以同一面对着地球呢?"小航问。

甜甜说:"因为月球在绕着地球公转一周的同时也自转了一圈。在地球上,无论是初一还是十五,我们都只能看到月球的同一面,这种现象在天文学上叫作'潮汐锁定'。潮汐锁定,也叫同步自转、受俘自转。潮汐锁定的天体绕自身的轴旋转一圈要花的时间与绕着主星公转一圈的时间相同。这种同步自转导致其中一个半球固定不变地朝向主星,所以月亮总是固定一面对着地球。"

爸爸接着姐姐的话说:"实际上,这种潮汐锁定在太阳系的天体里面是比较常见的。比方说,行星和卫星之间,主星容易潮汐锁定卫星,我们知道火星有2颗卫星,火卫一和火卫二,这2颗卫星都是火星从太阳系里的小行星带中'捉'过来的。火卫一和火卫二都被火星潮汐锁定,所以总是一面朝向火星;在木星的卫星中,目前已知至少有8颗卫星已经被潮汐锁定;在土星的卫星中,有10多颗卫星被潮汐锁定,

你好，太空

比如土卫一、土卫二、土卫三、土卫四、土卫五等。之所以主星容易潮汐锁定卫星，是因为主星的质量较大，对卫星的潮汐力更大。"

"爸爸，您忘了说冥王星了，冥王星和它的卫星卡戎是互相潮汐锁定的典型代表。"甜甜说。

"姐姐，冥王星不是行星啊！爸爸刚才说的都是行星和它的卫星。你是不是不记得太阳系八大行星有哪些了啊？"小航立刻反驳道。

"太阳系八大行星还能难住我不成？它们分别是水星、金星、地球、火星、木星、土星、天王星、海王星！"甜甜快速地说，"小航，你提醒得对，冥王星确实不是行星。"

"是的，在爸爸小时候，课本上都说太阳系有九大行星。我们小时候考试时，如果有考题问太阳系有几大行星，一定要答'九'，如果填'八'就错了，会被扣分。但是在2006年，在捷克首都布拉格举行的第26届国际天文学联合会大会上，天文学家投票表决，将冥

王星排除出行星行列，降级为矮行星。九大行星变成了八大行星。"

"小航，你知道冥王星为什么会被排除出行星行列吗？"甜甜问。

小航说："不知道，为什么呢？"

"因为它太小了，冥王星比我们地球的卫星——月亮——还要小！所以没有资格当行星。"甜甜说。

"甜甜说得对。我们从头讲起。"爸爸补充说，"冥王星比其他八大行星发现得晚，是1930年被天文学家董波发现的。这个发现曾轰动一时，大家还一起给这第九颗大行星取名。英国11岁小女孩伯尼建议用古罗马神话中的冥界之神普路托来给这颗行星命名，最终，天文学家们全票通过'冥王星'的命名。当时人们认为冥王星的质量很大，它自然地坐上了'第九大行星'的宝座。"

"后来，随着人们对冥王星的了解越来越多，有很多人开始质疑它的行星地位。而且最有趣的是，它竟然被它的卫星卡戎潮汐锁定了，冥王星总是用同一面朝着卡戎，卡戎也总是用同一面朝着冥王星。"

"爸爸，这是为什么呢？它们为什么会互相潮汐锁定？"小航问。

"卫星会被所环绕的更大的天体潮汐锁定，但是如果两个天体的物理性质和质量的差异都不大时，也就是如果一个天体和它的卫星大小差不多，互相之间的吸引力也差不多时，那么这两个天体各自都会被对方潮汐锁定，最典型的就是冥王星与卡戎。冥王星和卡戎它们是两个远在太阳系边缘的天体，它们在转动的时候，始终保持同一面对着对方。就像运动员扔链球前，手持链球旋转，人和链球始终都以同一面互相面对。是不是很有趣呢？

"冥王星和卡戎的个头差不多大,所以很容易被对方潮汐锁定。而太阳系其他八大行星的个头都远远大于自身的卫星。"

"哈哈,我懂了,老爸。冥王星是被自己的卫星卡戎出卖了,才被开除出行星行列的。"小航说。

"是的,在太阳系中,成为行星必须符合三点:一、围绕太阳运行;二、质量足够大使其重力将它塑造成圆球形;三、运行轨道区域内没有障碍。冥王星只符合前两点,因为天文学家在它的运行轨道上发现了至少两个大型天体。而且最有趣的是,它竟然被它的卫星卡戎潮汐锁定了。所以,天文学家决定将冥王星降级为矮行星。"爸爸说。

"月球是距离地球最近的天体,它对地球产生了显著的影响。海水会出现涨潮和退潮现象,主要原因就是受到了月球引力的影响。白

天海水的上涨被称为'潮',夜间海水的上涨被称为'汐',合称潮汐。海水一般每日涨落两次,也有涨落一次的。

"月球能影响地球,地球也能影响月球。月球形成之初,并不是只有一面对着地球,如果那时有人类,人类可以站在地球上看到月球的各个角落。那时候月球自转肯定是比公转快的,什么时候月球自转与公转同步了呢?现在科学家也没有标准答案,反正自从有我们人类以来,月亮就已经被地球引力潮汐锁定了,我们祖先看到的月亮是这样,我们现在看到的月亮还是这样。但是,科学家通过计算发现月球形成以后,在自转的过程中受到了地球引力的作用,靠近地球的一面会被拉长变形,变成椭圆。

"这种牵制作用使得月球的自转变慢。久而久之,月球的自转速度越来越慢,当月球自转速度和公转速度一致时,也就是说月球自转一圈要花的时间与绕着地球公转一圈的时间相同,那么地球就完成了对月球的潮汐锁定。从地球上来看,月球就始终以同一面朝向地球。所以,潮汐锁定也叫同步自转、受俘自转。月球被地球潮汐锁定了,

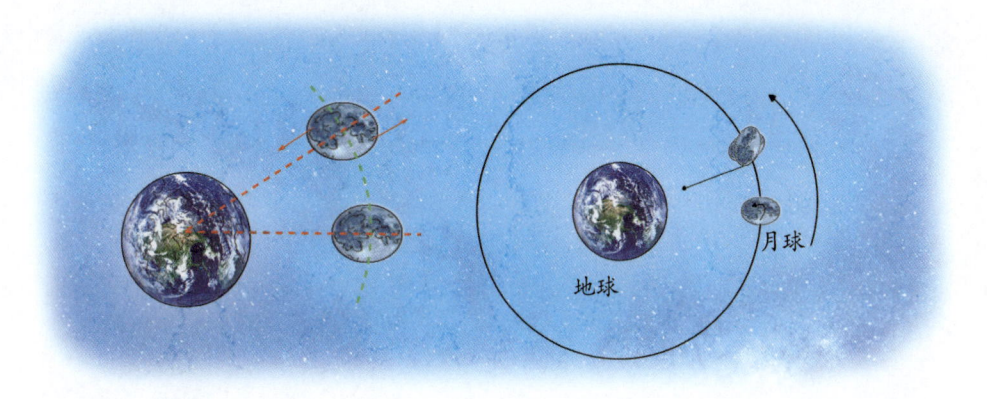

所以总是以同一面对着地球；而冥王星和卡戎是互相潮汐锁定了，所以冥王星总是用同一面朝着卡戎，卡戎也总是用同一面朝着冥王星。"

小航："爸爸，我明白了。原来潮汐锁定就是同步自转啊。我们现在看到的是月球的正面，那么月球的背面永远是暗的吗？"

爸爸说："月球背面也能被太阳照到，所以并不暗，只不过人类看不到而已。"

"还有个问题，听说月球背面有外星人，是真的吗？"小航说。

爸爸说："月球上是没有生命的，也不会有外星人。根据嫦娥四号在月球背面的探索，月球背面其实和正面是一样的，没有太大的差异。当然，我们人类对月球的探索还在进行，或许在未来的某天能发现月球背面的惊天秘密，谁知道呢。"

月相和月食

农历三月二十三那天晚上,小航、甜甜和爸爸妈妈一起在画室用奥利奥饼干做月相手工,不知不觉已经是下半夜了。月相,是月球盈亏圆缺变化而出现的各种形象。小航望着手中的奥利奥饼干说:"姐姐,这个手工不错啊,可以玩,可以学,还可以吃!"他望了一眼窗外,又说:"今天的月亮明显没有前几天圆了。"

甜甜说:"是啊,今天是农历三月二十三,月相是下弦月。由于月球围绕地球转动,每天都相对地球自东向西移动一大段距离,所以我们看到的月相也是不断变化的。"

小航问:"那月相分为哪几种?"

妈妈说:"在正式做奥利奥月相图之前,妈妈先画一幅月相图,这样看起来更明白。"妈妈很快就画好了,她说道:"你们看,月相分为八种,分别为新月、上蛾眉月、上弦月、盈凸月、满月、亏凸月、下弦月、下蛾眉月。"

"当月亮处于地球和太阳正中间时,月亮反射的光被遮住,地球上就看不到月亮,这时的月相称为新月,又叫朔;当地球处于月亮和

你好，太空

太阳正中间时，月亮反射的光能最大范围到达地球，地球上就能看到一轮圆月，此时的月相被称为满月，又叫望。从新月到满月，月牙渐渐变大，经历了上蛾眉月、上弦月、盈凸月；从满月到新月时，月牙渐渐变小，经历了亏凸月、下弦月、下蛾眉月。月亮一次完整的相位周期大约是29.5天，这就是一个农历月。"妈妈边说着，边在每个月相旁边写上了名字。

姐姐将奥利奥饼干轻轻扭开，用小勺将中间的白色夹心刮出月亮的形状："将一半白色夹心刮去，就是上弦月了。"

"把白色夹心刮去一大半，我就做好了一个蛾眉月。"小航也不

甘示弱。

不一会儿，姐弟俩就做好了八个月相图。

爸爸说："你们可不要小看月相，它们对我们的生活影响大着呢。当月亮、地球、太阳处在一条直线上时，对地球的引力最为强烈，大海的潮汐运动最强烈，所以在新月和圆月时，是最佳的观潮时期。在过去，没有发明电灯的时候，人们晚上走路就需要月亮照明。在新月时，夜里会伸手不见五指，人们晚上就不方便出门了。"

小航问："爸爸，我们经常在电视上看到的月食，是怎么发生的呢？"

爸爸说："古时候人们发现，月亮有时会突然缺失一块，并慢慢完全消失，就像被吃掉了一样，就把这种现象叫作月食。那时人们以为天狗吃掉了月亮，就敲锣打鼓，想要赶走天狗，过了一段时间，月亮果然慢慢恢复原样。其实月食和天狗没有任何关系，它是因为月球进入地球阴影而形成的。当地球位于月亮和太阳中间时，地球的影子就会投到月亮上。当月亮慢慢进入影子时，月食就发生了，并且月亮是一点一点被'吃掉'的，这种月食被称为月偏食；等月亮完全进入影子时，地球上就看不到月亮了，这种月食被称为月全食。月亮继续转动，慢慢离开影子，就会渐渐恢复原样。"

小航说："明白了，那故事书中提到的血月又是什么意思呢？"

爸爸解释道："血月，通俗点说就是天空中出现红色的月亮。红色月亮一般是在发生月全食的时候出现的。当发生月全食时，月亮完全进入了地球的影子里，此时太阳光的紫色光、蓝色光、绿色光、黄色光都被地球浓厚的大气层吸收掉了，只有红色光能穿透地球的大气层,大气层将红色光折射到月球表面上,此时我们就会看到月亮"发出"红光,也就是红月亮。当然,并不是每次月全食都会形成红月亮,这也和月亮、地球、太阳的位置有关系。"

"在古代,很多人对月食不了解,有时月亮显出红色,也就是血月,被视为不吉的征兆。而有些聪明的人懂得利用月食,助力自己取得胜利。有两个关于月食的小故事,我来给你们讲讲。"妈妈说。

小航说:"我最喜欢听妈妈讲故事了,快讲快讲。"

妈妈讲的第一个故事是这样的。两千多年前,当罗马军队攻打马其顿王国时,罗马的指挥官就预测即将出现月食,并将这一消息告诉了罗马的全体将士。但马其顿王国根本不知道什么是月食,所以当月食发生时,马其顿王国的士兵都惊慌失措,以为要发生天灾。反观罗马的士兵,因为提前了解了真相,此时更是信心倍增,一举击溃了马

当月食发生时,马其顿王国的士兵都惊慌失措

其顿大军，赢得了战争的胜利。

甜甜说："看来不懂天文的将军，不是好将军。"

妈妈接着讲了另一个故事。

第二个故事发生在航海家哥伦布身上。哥伦布航行到牙买加时，在岛上被困了几个月。他被岛上的印第安人敌视，随时面临着被攻击的危险。好在哥伦布懂得一些天文知识，他推断月食将要出现，就派人警告印第安人首领，说他们的神会在三天左右把月亮变暗，这是在要求他们服从哥伦布。哥伦布还要求印第安人不可再敌视船员们，并且要为船员们提供食品和修复船只的原材料。果然，三天后出现了月食。明晃晃的月亮突然变暗，大地越来越黑暗，让印第安人惊恐万分，真以为这是神的旨意，便老老实实地为哥伦布提供所需的帮助。哥伦布也借此顺利返航，为他的航海事业画上了一个圆满的句号。

小航赞叹道："真是神机妙算的诸葛亮啊！"

甜甜说："弟弟都知道诸葛亮了，真不简单啊！"

"我早就看过《三国演义》了，小意思！对了，如何预测月食何时出现呢？我也很想知道下一次月食的时间。"小航问。

爸爸说："理解月食的形成原理，预测月食出现的时间就不是很难了。月亮每个农历月有一次完整的相位周期。按理说，每个农历月都应该有一次月食。但月球绕地球的运行轨道（白道）和地球绕太阳的运行轨道（黄道）并不在一个平面上，而是有大约5°的交角。只有当太阳和月球位于两个'黄白交点'附近时，才会发生日食或月食。"

小航说："爸爸，我听不懂。"

"简单来说,月食就是月球运动到地球的影子里。每个农历月的初一(月相为'朔'),月亮都位于太阳和地球中间,其他日子,月亮离太阳都远得很,因此日食必然发生在农历初一;同样,月食必然发生在月相为'望'的日子,就是满月那天,通常在农历十五或十六,偶尔是农历十七。但显然并不是每个月的'望'日都会发生月食。一年当中日食和月食最多共可发生 7 次:其中一种为 5 次日食和 2 次月食,如 1935 年;另一种为 4 次日食和 3 次月食,如 1982 年。最常见的是发生 2 次日食和 2 次月食,如 2015 年。"

"噢,我明白了,谢谢爸爸,看来日食出现的次数更多一些。但是很奇怪,我好像很久没有看到过日食了。"甜甜说。

"尽管就整个地球而言,日食发生的次数比月食多,但实际上人们看到月食的机会要比日食多。这是因为日食带范围不大,仅在月影扫过地球的局部地区才能看到,特别是全食带更窄,因此日全食在地球上同一地区重复出现的可能性很小,人的一生难得一遇。但月食可见的地区范围就很大,半个地球都能看到,所以同一地区看到月食的机会比看到日食的要大很多。"爸爸说。

·嫦娥揽月·

月球上的名人公寓

这天,小航一家四口来到中国科学技术馆。

"哥白尼、伽利略、祖冲之、万户、张衡……"小航嘀咕着网上搜到的名人的名字。原来他在看月球上用名人的名字命名的地名呢。

"有不少是我们中国的名人呢,而且这些中国不同时期的名人如

31

今在月球上'比邻而居'。小航，你觉得有没有相声中'关公战秦琼'的味道？不同时期的人在同一时期'住'在同一个地方。"甜甜说。

"关公是三国时期的人物，秦琼是隋唐时期的人物，他们俩本来怎么也遇不上的。所以，只要你敢想，没有什么是不可能的。"小航说。

"用科学家的名字作为月球上的地名，不只是为了方便定位，还承载着人类的科学文化记忆，表达了人类对科学文化的尊敬与重视。根据2007年的统计，有1333位世界级名人'居住'在月球上。月球正面'居住'的大多是古代名人，如哥白尼、伽利略，有一座环形山是以中国现代天文学家高平子命名的，它位于月球正面东经87.8°、南纬6.7°；而月球背面不乏近现代名家，如'发明大王'爱迪生、元素周期律的发现者门捷列夫、生理学家巴甫洛夫、放射性研究的先驱居里夫人、著名航天工程学家冯·卡门、物理学家焦耳、物理学家马赫和'原子弹之父'奥本海默等均在其中。月球背面的环形山中，有四座分别以我国古代天文学家的名字命名：石申环形山、张衡环形山、祖冲之环形山和郭守敬环形山。另外，月球背面还有一座万户环形山，是为纪念尝试飞向天空而献身的中国明代人万户而命名的。"爸爸说。

"祖冲之、张衡我都听说过，可是万户是谁呀？"小航问。

甜甜说："我知道，他是明朝人，被称为世界航天第一人，是历史上首位尝试用火箭升空的人。万户擅长使用火药。传说，他在椅子下面绑上火箭，自己坐在椅子上，然后拿着风筝，让人点燃火箭，想借助火箭的推力起飞。只可惜，火箭爆炸，万户为他的航天梦想献出了生命。"

"噢，这个人胆子真大。爸爸，谁是第一个给月球上的地貌取名的呢？"小航问道。

爸爸说："这就说来话长了。给月球上的地貌取名，开始于17世

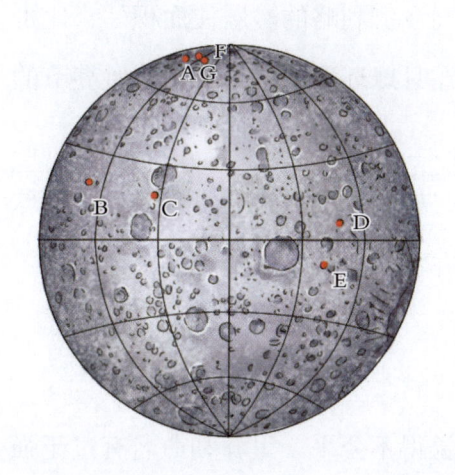

月球背面以中国古代人名命名的环形山

环形山名称	直径或长度	命名时间
A 石申	约 43 千米	1970 年
B 张衡	约 43 千米	1970 年
C 祖冲之	约 28 千米	1961 年
D 郭守敬	约 34 千米	1970 年
E 万户	约 52 千米	1970 年
F 毕昇	约 55 千米	2010 年
G 蔡伦	约 45 千米	2010 年

纪的意大利科学家伽利略。之前已经说过，在1609年，伽利略观察到月球是一个表面崎岖不平、坑坑洼洼的世界，上面满是'孔雀尾巴上的圆斑'，就像是'蹩脚厨师烘烤出来的麻点蛋糕'。于是，这位科学家开了先例，用他家乡的亚平宁山脉为月面上最明显的高山命名。"

甜甜说："那伽利略老家的亚平宁山脉真是名扬整个宇宙了。看来最初并不是用科学家的名字命名的。"

爸爸说："是啊。到了1651年，意大利学者里乔利出版了一本关于宇宙的书，书中有一幅由他绘制的月面图。他将月球的阴暗区称为'海'，如雨海、静海、酒海、虹湾、风暴洋等，又用古代科学家

和哲学家的名字来命名月球上的环形山。里乔利给月球上 200 多个地貌命名，为当时的天文学界所接受，并且一直流传下来。

"但里乔利的命名规则带有明显的个人喜好。比如，他不喜欢哥白尼和他的'日心说'，便把哥白尼'扔'进了位于月球正面的一座极不起眼的环形山。里乔利给他的同乡伽利略的'居住面积'，比哥白尼的还要小。还好，这些'住'在月球环形山里的都是高风亮节的大师，没有因地盘大小不一而吵闹。

"里乔利将自己佩服的科学家，如丹麦天文学家第谷分到了月球南半球上最引人注目的环形山。里乔利和他的弟子毫不谦虚地占据了月球正面最巨大的两个平原。"

小航说："啊，这样下去可不行啊。"

妈妈走过来说："当时的人也觉得不公平。里乔利命名有过于强烈的个人喜好，这样是不太好。1919 年，随着国际天文学联合会（IAU）成立，一系列命名程序与标准逐渐确立。里乔利之前过于随意的命名，也得到了一定的纠正，比如为哥白尼分配了更合理的位置。"

小航说："现在月球上的山都已经有名字了吧？后人的名字估计很难登上月球了，遗憾啊。"

爸爸说："不要遗憾，还有很多机会呢。月面上的环形山有几万座之多，目前入住的只有 1000 多位世界级名人。"

"那么，现在给月球上的地貌命名需要符合哪些条件？"甜甜问。

"首先，获得原始探测数据是取得月球地理实体命名权的基本条件；其次，被命名的月球地理实体本身须具备特定的条件，如具有特殊科学研究应用价值，直径大于 100 米，对其进行命名有助于月球研究及月面测绘，等等；最后，名称必须符合 IAU 的规定，如撞击坑通常以杰出科学家、哲学家的名字命名，且命名的人物须去世三年以上，山脉则以地球上的山脉名称命名，等等。"爸爸说。

截至 2022 年 8 月 1 日，月球上已经有 9000 多个地方被命名。月球上共定义了 18 类地貌，包括环形坑（环形坑为月球地形通名的中文译名）、月溪、山脉等，而不同的地貌有着不同的命名方式。在 IAU 制定的月球命名规则中，有一类地理实体非常特殊，那就是月球着陆点。对于它们没有固定的起名要求，但要求命名者有能力将航天器送上月球。因此这样的地名并不多。

还需要突出的一点是，IAU 制定的命名规则排除了某些领域的名人，包括 19 世纪及以后的政治和宗教人物，还有文学家。月球上曾有一批环形坑是以包括李白、巴尔扎克、雨果在内的文学家命名的，但由于命名规则不允许而被取消。在 2006 年公布的命名列表中，李白坑被改为休谟 Z 坑。

在 2021 年 5 月 24 日，IAU 公布批准中国提议在嫦娥五号降落地点附近的 8 个月球地貌的命名申请后，月球上的中国地名已经达 35 个。其中包括 3 个着陆点、22 个环形坑、2 条月溪、5 个卫星坑和 3 座山脉。在 22 个月球环形坑中，以科学家名字命名的占了 14 个，这也符合 IAU 的命名规则，另外，与古代神话相关的名称占了 7 个。嫦娥三号着陆后，我国获批用广寒宫来命名着陆地点，附近三个小型环形坑也被命名为"紫微"、"天市"和"太微"，这开创了使用我国古代天文学体系中的名称命名月球地理实体的先河。

与中国相关的月球地理实体的命名过程，主要分为两个阶段：

第一阶段，是2007年以前的被动命名阶段。这一阶段中国并没

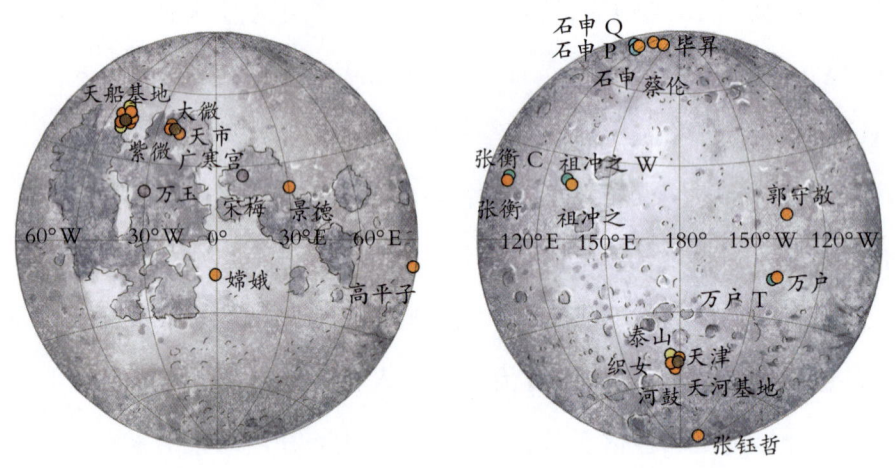

月球上的35个"中国地名"

有直接参与到国际天文学界的月球地理实体命名之中，而是IAU自行选择的，包括张衡、祖冲之、郭守敬等。

第二阶段，是以2007年嫦娥一号成功发射为标志而开启的自主命名阶段。从此之后，中国加入了命名大军。这之后我国自主申请获批了20个名字。

蔡伦　　　　　　　毕昇　　　　　　　张钰哲

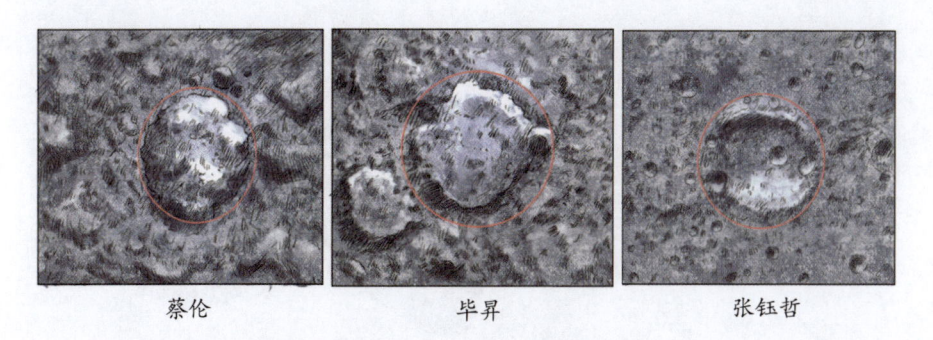

　　2010年，我国利用嫦娥工程影像数据首次申报"月球地理实体命名"获得批准，将月面三个环形坑分别命名为"蔡伦"、"毕昇"和"张钰哲"

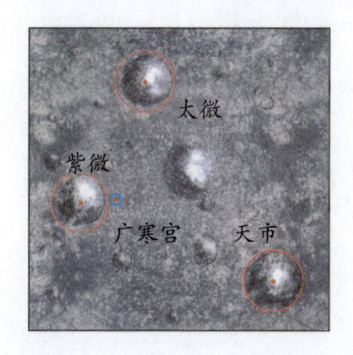

　　2016年1月嫦娥三号月球着陆点周边方圆77米区域被命名为"广寒宫"。紧邻嫦娥三号着陆点周围区域三个较大的环形坑分别被命名为"紫微"、"天市"和"太微"

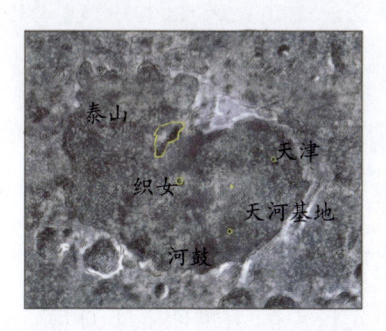

　　嫦娥四号着陆点被命名为"天河基地"。着陆点周围呈三角形排列的三个环形坑，分别被命名为"织女"、"河鼓"和"天津"。着陆点所在的冯·卡门坑内的中央峰被命名为"泰山"

你好，太空

如果月亮消失了，我们的地球会怎样

"月球作为地球唯一的天然卫星，两者已彼此相伴了数十亿年。如果有一天，月亮消失不见了，地球会怎样呢？"甜甜看着月亮喃喃地说。

"爸爸，月亮在未来的某一天会消失吗？"小航也对这个问题很感兴趣。

爸爸说："孩子，月亮不会消失，但月球确实在远离地球，这并不是什么新鲜事儿啦。月球大约形成于45亿年前，从诞生之初它就在逐渐远离地球。早在二十世纪六七十年代，科学家就测算出月球正以大约每年3.8厘米的速度远离地球。"

"这么精确的数字是怎么算出来的呢？"小航问。

"科学家从地球上发射一束激光到月球上安置的反射镜上，这面反射镜是美国阿波罗计划期间放置的。二十世纪七十年代，美国人登上了月球，宇航员不光将美国国旗插上了月球，还收集了许多月壤、月岩，还在月球上安置了一面镜子。"

"月球上装镜子有什么用，是为了臭美吗？"小航说。

"宇航员可没时间臭美，这面镜子是用来检测地月距离的。科学家从地球上发射一束激光，然后利用镜子的反射来测量地月距离值。然后，他们就发现了这个大秘密——月球离地球一年比一年远。"

"爸爸，月球远离地球的原因是什么呢？"甜甜问。

"这种远离主要是地球和月球之间的潮汐相互作用的结果。你们都知道，月球围绕地球转的时候，会对地球施加引力影响，从而造成地球上出现海洋潮汐和固体潮。由于地球的自转速度比月球的公转速度快，导致地球的潮汐隆起会比月球前进得更快，看起来就像是地球在'拖着'月球向前转。在这个过程中，地球的一部分能量就转移到月球身上，月球获得额外能量，有了'力气'的月球就开始远离地球了。"爸爸说。

"爸爸，我还看过一种言论，科学家预测月球会在50亿年之后与地球相撞，这和您刚才讲的月球远离地球的事情似乎有矛盾。既然月球一直在远离地球，为什么还会与地球相撞呢？"甜甜说。

"事情就是这么不可思议，月球在逐渐远离地球是真的，而在未来落到地球上，发生一场世纪碰撞，这也可能会发生。"爸爸说。

"爸爸，您想啊，就算是月球每年只远离地球3.8厘米，这50亿年积少成多，也得跑老远了，怎么可能撞上地球呢？"小航也觉得不可能。

"这并不矛盾，听我慢慢道来啊。刚才讲了月球远离地球是因为月球公转速度跟不上地球自转速度。但当某天地球的自转周期与月球的公转周期一样长时，二者之间的能量转移就停止了，月球也就没有

你好，太空

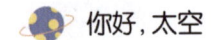

能量远离了。

"而到50亿年后，太阳也将走到尽头。就像人一样，太阳的寿命也是有限的，大约100亿岁。如今的太阳的寿命已经过了一半，再过50亿年左右，太阳将走向生命的终点。"爸爸说。

"走向终点是什么意思？它会怎样呢？"小航问。

"太阳也会灭亡。我们一起了解一下太阳的未来命运。太阳是一个巨大的气体球，里面都是氢。这些氢不断发生核聚变，生成更重的元素，然后，太阳会不断膨胀，成为一颗红巨星。可不要小瞧这颗红巨星，它比现在的太阳要大几十到几百倍，可能会吞没周围的行星，甚至是地球！太阳还会继续膨胀呢！它的外层会变成巨大的气体云，

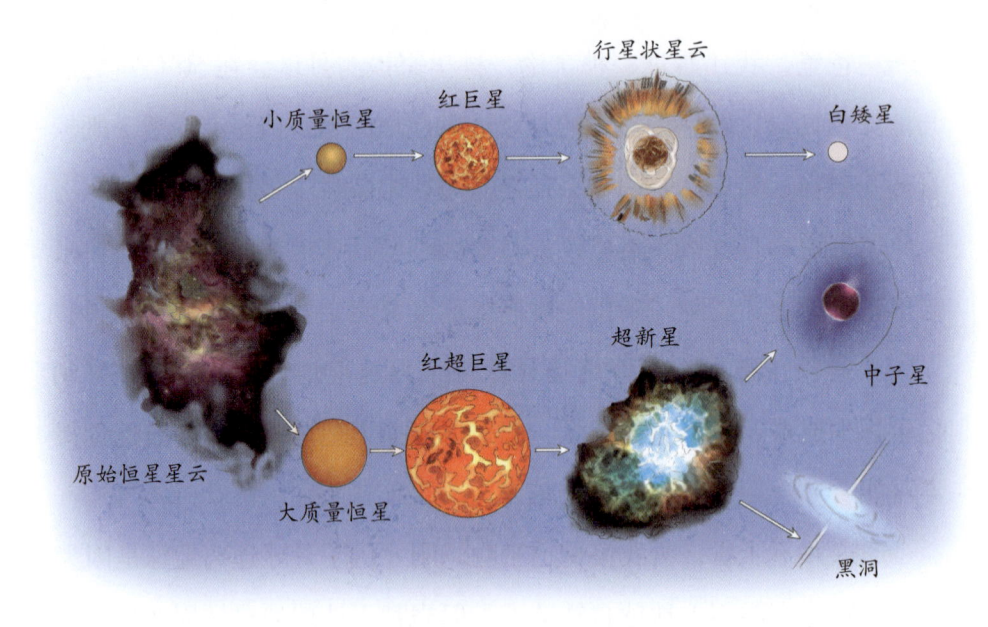

恒星的一生。大质量恒星最终会成为黑洞或者中子星，而像太阳这样的小质量恒星最终会成为一颗质量只有原来一半的白矮星

而它的核心，则会缩成一颗小小的恒星——白矮星！最后太阳会彻底熄灭，整个太阳系将陷入一片漆黑。

"科学家推测月球未来会落到地球上，发生一场世纪碰撞，大概就是发生在太阳膨胀成一颗红巨星的阶段。红巨星会将水星和金星吞掉，然后逐渐逼近地球轨道，月球作为地球的'小老弟'肯定会率先败下阵来，落到地球轨道上，两者发生碰撞。"爸爸讲解道。

"原来是这样啊，同为太阳系中的成员，如果太阳会灭亡的话，这场月球和地球的世纪大碰撞也就是毛毛雨了。不过，我觉得我们不必过度为未来担心，地月相撞要等到50亿年之后，那时人类可能已经开启了星际时代，可以在宇宙中自由穿梭了。"甜甜说。

"月球和地球唇齿相依，谁也离不开谁。在太阳系中，月球与地球的关系其实非常的'不正常'——它与地球的质量比达到了惊人的1∶81，而体积比更是达到了可怕的1∶49。"爸爸说。

小航说："这个比例看起来很小啊，为什么说不正常呢？"

爸爸说："这个比例看起来很小，但是在关于卫星的天文数据上，这是一个非常大的比例，从全宇宙的情况来看，月球和地球的这种比例都非常稀有。要知道，太阳系其他行星的卫星与所属行星的质量和体积比例最大的也没有超过1∶100，绝大多数卫星与自己所属行星的这两种比例都低于1∶200。由此可见，月球这种卫星是多么罕见！科学家认为，正是因为月球这种超大的卫星的存在，使得地球的卫星轨道非常干净，因为太空杂质全被它'打扫'了，同时它又能够吸引很多的小行星、陨石等，从而让地球生命在漫长的进化中相对安全，

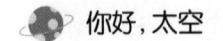

提高了地球孕育智慧生命的概率。"

"看来，月球是我们地球的卫士。"小航说。

"月球对地球生命的意义不仅仅在于'护航'，科学家说过，由于地球和月球超大比例的存在，使得月球对地球形成了明显的天体物理作用，这些作用与太阳一起，构成了来自'地球—月亮—太阳'三个方面的共同效应，从而使地球的天体物理环境远比大多数的行星要复杂，比如非常强大的潮汐作用、对农业作用更明显的阴历纪年等，都是这种'三方因素'导致的。还有，因为月球超大的体积，使得地球的夜晚相对于绝大多数行星而言更加明亮，这种亮度产生了微生物学的'微光效应'，以及动物中普遍存在的'夜视效应'，使得许多生物种群依靠月光而存活、进化。在'三方因素'和'夜晚亮度'、磁场、气候等的作用下，地球生态系统拥有了高度的复杂性，对生物进化起到了极大的催化作用。

"可以这样说，如果没有月球的保驾护航和对生态系统的催化作用，我们人类不可能出现在这个世界上。如果月球真的消失，那影响可就大了。月球的作用远远不止照亮夜晚那么简单，事实上，如果没有月球，我们的生活将出现翻天覆地的变化。

"首先，地球上会立刻出现一次巨大的海啸。当月球消失时，地球和月球之间的引力将消失，地球上海洋中的水将迅速发生横向偏移。就像是拔河双方都在使力时，一方突然放手，另一方就会向后倒，海洋也是这样。如此引发的大海啸会给人类带来灾难性的打击。

"其次，月球的轨道运动能够帮助稳定地球的自转轴，如果月球消失，那么地球的前行速度将减慢，其自转轴也将失去稳定性，从而导致新的气候变化，夏季温度可能会超过100 ℃，冬季温度则低于 –80 ℃，还会引起大型干旱和冰期。这将严重影响到生活在地球上的人类和其他生物。

"再次，没有了月球，太阳和太阳系内其他行星将使地球发生偏转和摆动，地球上的磁场也会产生变化。往严重了说，地球将面临一次生物大灭绝。往轻了说，月光的消失也会对各个物种的生存产生很大的影响，完全黑暗的夜晚会改变许多动物和植物的生物节律，再加上潮汐的消失和气候的急剧变化，很多物种都将在这个过程中灭绝。已经适应潮汐流和海流的生物将不得不寻找新的营养物质来源，而剧烈的温度变化会影响迁徙、交配、冬眠、生长等多个方面。

"另外，月球的消失还意味着地球将失去重要的陨石保护屏障。没有月球这个盾牌，太空中的一些陨石会噼里啪啦撞向地球，造成巨大的破坏。"爸爸讲解得非常详细。

甜甜说："是啊，如果没有月球，地球自转的周期可能只有6到12小时，每年将有1000多天，想想都恐怖啊。如果没有月球，地球围绕太阳公转时将越来越倾斜，导致地球两极不再终年寒冷，赤道也不再终年炎热，地球的气候将更加复杂多变。而且，如果没有月球，将不再有月食和日食现象，我们将失去很多乐趣。"

两个孩子都郁闷起来，好像这一天已经到来，月球已经消失了一样。

爸爸突然笑起来，说："但是，孩子们，我们完全没有必要杞人忧天。目前地月平均距离为38万千米，试想一下，每年3.8厘米的变化完全可以忽略不计。就像每天整个地球岩石圈都会有60厘米的起伏，这是月球对地球的引力导致的，但具体到局部区域，起伏就非常微小，人们根本感觉不到。"

"那我就放心了，晚安。"小航笑嘻嘻地说。

进入太空的第一人

"今天是 4 月 12 日，小航、甜甜，你们知道是什么日子吗？"爸爸问。

"我知道，今天是世界航天日。"小航说。

"小航答对了！为什么会把 4 月 12 日定为世界航天日呢？"爸爸接着问。

"爸爸，这是苏联宇航员加加林第一次进入太空的日子。1961 年 4 月 12 日，27 岁的加加林乘坐东方 1 号宇宙飞船从拜科努尔航天发射场起飞，绕地球一周，历时 1 小时 48 分钟，安全返回。实现了人类首次遨游太空的壮举。后来，这一天被定为载人空间飞行国际日，也就是世界航天日。"甜甜是个航天迷，这些知识自然难不倒她。

"说得好。今天我们再去回顾人类首次载人航天，才能意识到当时有多少危险。加加林这位英雄真是了不起啊。"爸爸感慨地说。

"爸爸，您详细讲讲，当时加加林面临哪些危险呢？"小航迫切地问道。

"加加林进入太空这件事发生在 60 多年前的美苏太空竞赛期间。

你好，太空

太空竞赛发生于二十世纪（1955年—1975年），是美国和苏联为了争夺航天实力的最高地位而展开的竞赛。那时候的科技水平和现在相比要落后得多，第一次把宇航员送上天，面临的挑战和危险可想而知。你们知道吗？推动科技进步的原因可能并不那么光彩，航天技术的发展竟然是出于战争的需要。在现代军事战场上，武器装备越先进、越精准、威力越大、远程控制能力越强，取胜的可能性就越大。所以，说到太空竞赛，我们要先了解一下它的背景。"爸爸说。

"第二次世界大战期间，战争的需要推动了战争武器的发展。德国研制的V-2火箭（导弹）最大飞行高度接近100千米，人类的飞天梦想，在残酷的战争中变成了可以期望的事情。

"第二次世界大战结束后，虽然德国是战败国，但是它的军事武器水平在世界上首屈一指。那时德国人正在研发的洲际导弹，可以直接从德国攻击美国本土。

"于是，德国的技术、资料和人才成为美苏阵营抢夺的对象。美国人进入V-2火箭生产基地，搬走了大量资料和V-2火箭的成品或半成品，还将以冯·布劳恩为代表的一大批德国火箭专家秘密送往美国。

"冯·布劳恩是伟大的火箭设计师，是二十世纪航天事业的先驱。冯·布劳恩的代表作便是大名鼎鼎的土星5号运载火箭。

"二战后苏联和美国的科技迅速地发展了起来，很大的原因就是他们获得了诸多的秘密武器：德国的技术和技术人才。

"之后美苏太空竞赛就拉开了帷幕。技术优势不仅能带来至高无上的地位，还是保障国家安全的需要，也是意识形态先进的象征。

"美苏太空竞赛开始于 1955 年 8 月 2 日，缘起于美国发表声明，计划发射人造卫星。苏联被这个消息刺激，也立刻声称要发射卫星。

"1957 年 10 月 4 日，苏联成功发射了第一颗人造地球卫星斯普特尼克 1 号，开启了人类的航天时代。第一个回合，苏联取得了胜利。

"1961 年 4 月 12 日，尤里·加加林成为首次进入太空的人类。第二个回合，苏联再次打败美国。

"1969 年 7 月 20 日，伴随美国阿波罗 11 号完成人类第一次登月任务，美国成功扳回一局。太空竞赛也达到了顶峰。

"直到 1975 年 7 月，美苏太空竞赛的局面才得到一定的缓和。太空竞赛取得了开拓性的成果，如向月球、金星、火星发射人造卫星和无人驾驶空间探测器，以及向近地轨道和月球发射载人飞船。"爸爸一口气说完了太空竞赛的背景。

"加加林在 1961 年 4 月 12 日进入太空，是当时苏联在和美国的太空竞赛当中的一次胜利，而他安全返回地球，更是无可争议的凯旋。"甜甜说。

"是啊，加加林接受的是一个危险的挑战，需要极大的勇气。加加林当时担当了一只'小白鼠'的角色。那时，没有一个人有信心保证火箭、飞船、沟通控制和操作系统是安全的——甚至连人类能不能在太空中生存也不知道。而加加林此次的飞行任务是要验证这几个问题：飞船能不能完成这样的一次旅程？飞船能不能与地面进行有效的沟通，从而确保安全着陆？人类是否可以在太空中生存？"爸爸补充道。

参与那次任务的工程师鲍里斯·切尔托克后来在他的著作中提到，

你好，太空

如果把加加林乘坐的飞船放到今天的科学家面前，没有人会投票赞成将这样一块不靠谱的东西送上太空。

起飞时，有个有趣的事情。加加林本来应该按规定说："全体注意，起飞！"可是他打破了这个规矩，说出了那句日后成为经典名句的"走起（Let's go）！"这句话的灵感来自加加林特别喜欢的作家查尔斯·狄更斯的小说《小杜丽》，小说中，这句话是猫将鹦鹉拖出笼子时鹦鹉说的话。

加加林是第一个从外太空看到地球全貌的人类，他曾讲述当时被飞船窗外的风景震撼了，他讲到"地球美丽的光环"，还有云朵投射在地球表面震撼人心的影子。

既然是第一次冒险，就不可能全是美好，自然也有惊心动魄的时刻。尤其是加加林的飞船在着陆时，太空舱内的温度高得吓人，加加林几乎失去知觉。

"我当时在一团火当中冲向地球。"这名太空人后来回忆说。加加林在太空舱着陆之前跳伞，幸运地在伏尔加河附近安全落地。

飞船预定的降落位置应为莫斯科以南400千米，但实际降落在莫斯科以南800千米的一片耕地中。落地后，加加林还不敢相信自己已经安全返回地球，他说："地犁得很松，很柔软，甚至还未干。我甚至未感觉到着地。我简直不相信我已经站立着。"

据说加加林穿着橙色飞行服向一名妇女和一个牵着一头牛犊的小女孩走去。这对母女以为他是太空人或者外星人。小女孩问他是否来自太空，加加林微笑着说："是的，我来自太空。"加加林用通信设备向指挥控制中心报告自己的位置，1小时后搜救人员发现了他。

1968年3月27日，在一次米格-15战机的常规试飞当中，加加林的飞机坠毁了，他与飞行教练员当场死亡。加加林遇难的时候只有34岁，实在令人叹息。此刻苏联与美国的太空竞争愈演愈烈，加加林遇难后的第二年，美国宇航员就成功登临月球。但是，人们不会忘记加加林。每当提起宇航和太空，人们就会想起加加林，因为他是全世界第一个离开地球、进入宇宙空间的人。而这一天也被定为"世界航天日"，用来纪念人类第一次征服太空的壮举。

"阿波罗计划"究竟是怎么回事

在听到加加林成功飞向太空的消息后,美国人受到了不小的冲击。自从拉开探索太空的序幕后,美国似乎总是比苏联略逊一筹,苏联发射了世界上第一颗人造地球卫星、第一个月球探测器、第一艘载人飞船……美国深感压力,它可不愿意输给苏联!于是,美国开始了一项惊人的大计划——载人登月。1962年9月12日,时任美国总统的约翰·肯尼迪在莱斯大学发表名为《我们选择登月》的演讲,向世界宣布美国要在1970年前把人类送上月球,这就是著名的阿波罗计划。

肯尼迪这个演讲的中间部分广泛流传:

"有人问,为什么选择登月?为什么把这个当成目标?他们也许还会问,为什么我们要登上最高的山峰?为什么要在35年前飞越大西洋?……我们选择登月……我们选择在这10年间登上月球并实现更多梦想,不是因为它们轻而易举,而是因为它们困难重重。因为这个目标可以统筹和测试我们最为顶尖的技术和力量,因为这个挑战是我们乐于接受的,是我们不愿推迟的,是我们志在必得的,其他的挑战也是如此。"

爸爸感慨地说："肯尼迪的演讲旨在说服美国人民支持阿波罗计划，动员美国人民将人类送上月球。阿波罗计划虽然是与苏联竞赛的特设计划，但同样也是人类向太阳系扩张的第一步，其目的就是实现载人登月飞行和人类对月球的实地考察，为载人行星飞行和探测进行技术准备。在当时看来，肯尼迪的演讲似乎为美国国家航空和航天局（NASA）布置了一个不可能实现的任务，但阿波罗计划却起了巨大的激励作用，计划宣布后，美国各界纷纷献计献策，最终在1969年将人类送上了月球。

"在阿波罗计划之前，人类对月亮只能仰望，无法接近。19世纪，有一位名叫凡尔纳的科幻作家写了一本小说，叫作《从地球到月球》。在那个完全不知火箭为何物的时代，作者在书中畅想了利用大炮把人送上月球的奔月之旅。据说这本书深深地影响了冯·布劳恩。阿波罗计划使用的就是冯·布劳恩设计的土星5号火箭，这个巨型火箭先后成功把12名宇航员送到了月球表面，实现了人类几千年来与月球近距离接触的梦想。阿波罗计划将登陆月球这件事从科幻变成了科学，从想象变成了现实。"

"小航，你知道阿波罗吗？"甜甜说。

"阿波罗的大名我还是知道的。他是古希腊神话中的太阳神，相传他能够驾驶天马拉着的战车在天际遨游。可酷了！"小航说。

"是的。小航说得对，太阳神阿波罗与月亮女神阿耳忒弥斯是同胞兄妹（一说为姐弟），所以，美国人用'阿波罗'作为登月计划的名字。阿波罗计划持续了大概11年，从1961年5月开启，1962年9月12日肯尼迪总统的演讲正式宣布，一直到1972年12月，耗资约255亿美元，美国一共完成了6次登月任务，取得了划时代的成就。我们一起了解一下这个宏大的工程吧。"爸爸说。

载人登月，放到现在也不是一场说走就能走的旅行，何况阿波罗计划是在半个多世纪前，当时的科技水平和现在无法相比，需要突破大量的关键技术。

从1961年到1967年，在这6年里，美国国家航空和航天局一直为登月做着循序渐进的准备工作，如：发射一些探测器到月球拍摄大量照片，在月球表面着陆并考察月球表面的地貌；发射几个绕月飞行的探测器，选择登陆地点；发射10艘各载2名宇航员的飞船绕地球或月球飞行，进行载人飞行训练。完成前期准备工作以后，登月计划于1967年年初正式开始。

我们先从阿波罗1号说起，它可以说是阿波罗飞船17个"兄弟"中最不幸的一个。阿波罗1号原计划是载人飞行，并在地球轨道停留14天，预定发射日期是1967年2月21日，不幸的是，在1月27日的模拟演习中，指令舱突发大火，3名宇航员在17秒内全部不幸遇难。

由于阿波罗1号出师不利，阿波罗原有的计划全被打乱了，美国将后续的2号到6号飞船全部改成无人飞船，以便检验其安全性能和技术性能。

阿波罗2号飞船只在地面进行了主发动机点火试验，并检测了生命维持和控制系统的可靠性。

阿波罗3号飞船只是用于在地面测试土星5号第三级火箭两次点火性能。

阿波罗4号飞船安全升空进入地球轨道，这是首次测试土星5号运载火箭。土星5号高达110.6米，直径10米，像一座高塔。在阿波罗计划中，有12艘飞船是用土星5号火箭发射的。

阿波罗5号飞船主要为了测试登月舱，是阿波罗登月舱的首飞。这次任务使用的是土星1B号运载火箭。

阿波罗6号飞船是阿波罗计划中的最后一次无人任务，也是土星5号运载火箭的第二次飞行，但由于发动机发生了故障，所以任务目标并没有完成。

1968年10月，阿波罗7号进行了载人太空飞行，是1967年1月阿波罗1号发生火灾导致3名宇航员丧生后首次恢复载人太空飞行。但这次只是环绕地球飞行，并没有接近月球。

1968年12月21日，阿波罗8号发射升空，飞船在太空中航行了3天才到达月球，并绕月飞行了20小时，然后安全返回地球。阿波罗8号是人类第一次离开近地轨道并绕月球航行。

那张著名的照片《地出》就是在这次任务中拍摄的,照片中蓝色的地球从月球的地平线上升起,非常震撼人心。阿波罗8号在这次任务中并没有降落在月球上,所以这张照片是在绕月轨道上拍摄的。当时,阿波罗8号正在围绕月球运行第四周,一名宇航员看到蓝色的地球出现在月球上空。于是,他赶紧找到彩色相机,拍下了这张极具影响力的照片。

1969年3月,阿波罗9号飞船绕地球飞行了10天。又过了2个月,阿波罗10号开始了登月最后的"彩排"——绕月飞行。本次任务是第二次环绕月球的载人任务,首次将登月舱带入月球轨道进行测试。在测试中,登月舱离月球表面只有15.6千米。阿波罗10号完成了所有测试和细节检查的飞行目标。下一步就要真正登月了。

阿波罗11号执行的是人类首次登陆月球的载人航天任务,3名宇航员分别为指令长尼尔·阿姆斯特朗和指令舱驾驶员迈克尔·科林斯、登月舱驾驶员巴兹·奥尔德林。1969年7月16日,阿波罗11号发射升空。1969年7月20日,阿姆斯特朗和奥尔德林成为首次踏上月球的人类。两人在月表活动约131分钟,收集了21.55千克月岩样本,拍摄了一些照片。两人在月表活动期间,指令舱驾驶员迈克尔·科林斯独自在指令舱内绕月飞行。

7月24日12时50分,阿波罗11号指令舱降落在太平洋中部海面,3名宇航员安全返回地球。这场奇妙的月球之旅完美落下帷幕。

阿波罗12号是第二次登月,1969年11月14日,火箭从佛罗里达州肯尼迪航天中心起飞。皮特·康拉德与艾伦·宾在月表停留1天7小时,指令舱驾驶员理查德·戈尔登留在月球轨道。

阿波罗11号已达成肯尼迪总统的期望成功登月,阿波罗12号又证明宇航员能够精确登月,所以阿波罗13号的任务是演示精确登月并探索月球地质。遗憾的是,阿波罗13号与月球失之交臂,没能成功登月。1970年4月11日,阿波罗13号从肯尼迪航天中心起飞,2天后服务舱的氧气罐爆炸,3名宇航员使用太空船的登月舱作为救生舱,在故障中死里逃生,4月17日安全返回地球,这次任务被称为

阿波罗11号指令舱返回地球

你好，太空

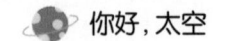

航天史上一次"辉煌的失败"。

在接下来的 2 年多，阿波罗 14 号到阿波罗 17 号这 4 艘飞船，依次登月并成功返回地球。1972 年年底，美国终止了阿波罗计划。

"阿波罗计划历时约 11 年，是人类历史上最伟大的科学探索之一，它不仅推动了航天技术的发展，还催生了火箭、微波雷达、无线电制导、计算机、无线通信等一大批高科技工业群体，并且在很多方面改变了全球居民的生活。"爸爸说。

"爸爸，听说家用小型摄像机，就是从阿波罗计划中宇航员手持的小型摄像机发展而来的。"甜甜说。

"是的，还有计价用的条形码，它最初是为阿波罗计划中无数个组件而发明的；方便面中的蔬菜包，是从阿波罗计划中首先使用脱水蔬菜发展而来的；重症监护病房是重要医学进步之一，它是应阿波罗计划对登月宇航员进行健康检测的需要而诞生的；另外，信用卡刷卡机所使用的软件，其前身是为管理轨道舱内复杂的系统而设计的。"爸爸讲解道。

"还有还有，我知道小孩穿的'尿不湿'最初也是为宇航员设计的。2003 年我国航天英雄杨利伟进入太空时，身上就穿了这样的纸尿片。没想到小型摄像机、脱水蔬菜等日常用品竟然也是从天上'下凡'来的。"小航笑着说。

阿波罗计划中取得的 3000 多项专利技术带动了整个人类社会的发展。如果没有阿波罗计划，今天我们使用的笔记本电脑和智能手机、各种社交网络，可能都要延后很长一段时间面市。

·嫦娥揽月·

"嫦娥"奔月——中国探月工程

晚饭后,小航在客厅摆弄着玉兔号月球车的纸模型,姐姐坐在沙发上拿着一本《探月》看得津津有味。

小航问道:"爸爸,自从美国的阿波罗计划后,还有其他国家的人上过月球吗?"

爸爸回答道："自从美国的阿波罗17号登月后，至今还没有人再次登上月球。美苏两国太空竞赛期间属于第一次探月高潮，始于1958年，止于1976年，其中苏联完成了3次无人月球采样返回，美国实现了6次载人登月。美苏冷战结束后，探月热明显降温。

"20世纪90年代，探月热再度兴起，重返月球这块银灰色的大陆、建立月球基地、开发利用月球资源的强烈欲望，促使主要航天国家纷纷启动月球探测活动。美国、中国、俄罗斯、日本、印度等国和欧洲纷纷宣布了探月计划。美国于1994年1月25日最先将克莱门汀探测器送入太空，拉开了再次探索月球的序幕。"

小航问道："爸爸，这次克莱门汀探测器有什么发现？"

爸爸说："克莱门汀探测器于2月6日进入环月轨道，最终运行于月球极轨道，它对整个月球进行了测绘。根据它的探测数据，专家推测月球两极存在水冰。正是月球有水冰的信息，掀起了第二轮探月高潮。我国的嫦娥工程就是在第二轮探月高潮中提上了议程。"

"爸爸，我国是哪一年开始启动探月工程的？"甜甜问。

爸爸说："我国的探月工程于2004年1月23日由时任国务院总理的温家宝批准正式立项，因为以中国神话人物嫦娥命名，并将第一颗绕月卫星命名为嫦娥一号，所以我国的探月工程也被大家亲切地称为嫦娥工程。我们把月球探测器取名为嫦娥，体现了'奔月'的特点，也意指我们会将嫦娥奔月的美丽传说变成现实。"

嫦娥工程分为三大阶段，即无人月球探测、载人登月、建立月球基地。

目前已经发射的嫦娥一号到嫦娥五号探测器,都属于无人月球探测阶段,这个阶段又分为"绕""落""回"三步。

爸爸说:"第一个阶段是'绕'(嫦娥一号、嫦娥二号),这一阶段主要任务在于研制和发射能够探测月球的卫星,为后续工作铺路。绕月时可利用很多仪器对月球拍照、观测。2007年发射的嫦娥一号和2010年发射的嫦娥二号卫星圆满完成了第一期'绕月'使命。

"第二个阶段是'落'(嫦娥三号/玉兔号月球车、嫦娥四号/玉兔二号月球车)。嫦娥三号包括着陆器和月球车两部分。探测器需要软着陆降落在月球上,再释放月球车开展月球表面的勘察。'软'的意思是别一头撞在月面上,要让机器完好无损。

"嫦娥三号于2013年12月2日1时30分由长征三号乙运载火箭从西昌卫星发射中心成功发射,12月6日抵达月球轨道,12月14日带着中国的第一辆月球车——'玉兔号'——成功软着陆于月球雨海西北部的虹湾着陆区,成为中国首个在地外天体着陆的探测器。

"嫦娥四号是嫦娥三号的备份星。2018年12月8日2时23分,在西昌卫星发射中心,嫦娥四号由长征三号乙运载火箭发射升空。12月12日16时45分,进入月球轨道。2019年1月3日10时26分,嫦娥四号在月球背面预选区着陆,是全世界首次在月球背面软着陆。

"第三个阶段是'回'(嫦娥五号),这个阶段需要把月球车采集到的样品带回来。嫦娥五号于2020年11月24日凌晨4时30分在海南文昌航天发射场发射升空,12月1日,在月球正面预选着陆区着陆。它完成月球表面自动采样任务后,携带1 731克月球样品于12

你好，太空

月17日凌晨1时59分在内蒙古四子王旗着陆场着陆。嫦娥五号真正实现了'落得下，回得来'。自此，中国探月工程圆满完成了'绕、落、回'三步走战略，为未来开展月球和行星探测奠定了坚实基础。"

听到这，甜甜激动地鼓起掌来说："从嫦娥一号到嫦娥五号，从'绕'到'回'，中国航天科研人员克服了种种困难，十年磨一剑，砺得梅花香，真是太不容易了。我要向探月工作者致敬。"

"敬礼！"小航也站起来端端正正行了个礼。

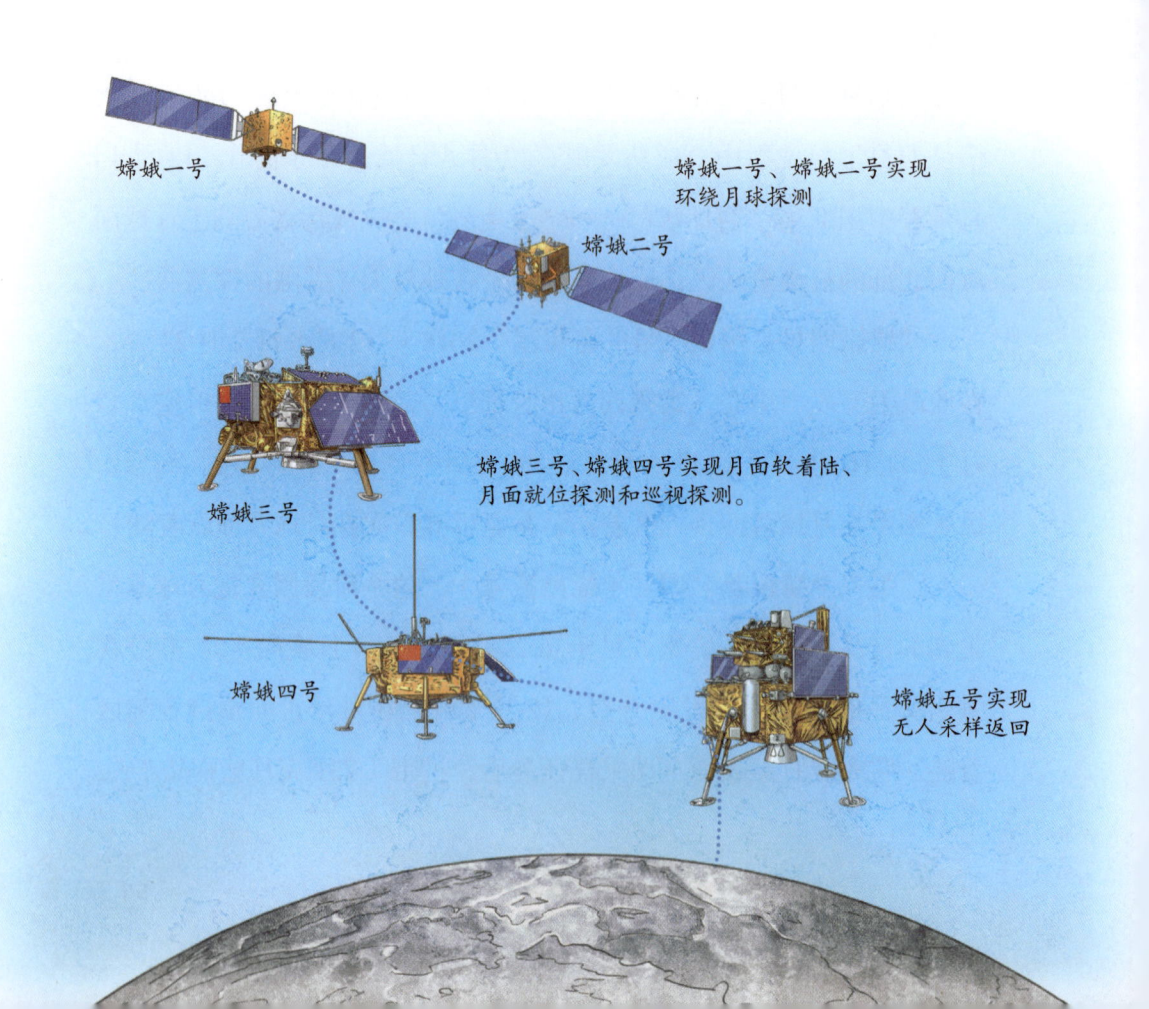

嫦娥一号

嫦娥一号、嫦娥二号实现环绕月球探测

嫦娥二号

嫦娥三号

嫦娥三号、嫦娥四号实现月面软着陆、月面就位探测和巡视探测。

嫦娥四号

嫦娥五号实现无人采样返回

嫦娥一号首次"绕"月

说起西昌,你会不会脱口而出"西昌卫星发射中心"?毕竟,"西昌卫星发射中心"这几个字在新闻里出现的频率太高了。西昌,是神话传说中的月亮女儿的故乡,相传彝族姑娘兹莫领扎因为能在羊毛披毡上织出一个逼真的世界,而被月亮仙女接到月宫,并从此成为月亮的女儿。

西昌,空气透明度高,海拔也较高,在这里看到的月亮特别明亮清晰,因此又被称为月城。探月工程的嫦娥一号、嫦娥二号、嫦娥三号、嫦娥四号都是在西昌卫星发射中心发射升空的,因此西昌又被称为"嫦娥奔月的地方"。古老的传说与今天的现实,在这里实现完美对接。

趁着国庆节小长假,小航一家人去西昌游玩,特地去参观了赫赫有名的西昌卫星发射中心。来到"嫦娥奔月的地方",他们不仅亲眼观看了火箭发射塔的雄姿,参观了长征三号火箭实体,还登上了嫦娥一号参观平台。这真是一次长见识的科普之旅啊。

在西昌卫星发射中心博物馆,陈列着一枚真实的火箭——长征三

你好，太空

号运载火箭，乳白色的箭体上印着鲜红的五星红旗。

"火箭真是一个庞然大物啊，站在它面前我们显得特别渺小。"小航站在火箭边，张大嘴巴感慨道。

"长征三号由三级组成，全长40多米呢，当然不容小觑了。"甜甜说。

发射塔架更是一个大家伙，虽然他们只能在几百米之外观看，但也能想象到其中的科技含量是非常高的。

"虽然发射只是几分钟的事情，但为了这一刻，科学家们需要付出无比艰辛的努力。你看远处那个85米高的3号发射塔架，2007年，就是它送嫦娥一号出征的。"爸爸说，"承担嫦娥二号、嫦娥三号、嫦娥四号发射任务的是2号发射塔架，它身高97米，是目前亚洲最高的发射塔架。"

嫦娥一号是中国首颗月球探测卫星。2007年10月24日，它在西昌卫星发射中心搭乘长征三号甲运载火箭顺利发射升空。嫦娥一号星体为立方体，两侧各有一个太阳能帆板，它的总质量约为2 350千克，太阳能帆板展开长度18米。

"小航，你知道吗？嫦娥一号被誉为中国继东方红一号、神舟五号后的第三个里程碑。"甜甜说。

小航说："我当然知道。东方红一号是中国首颗人造卫星，神舟五号是中国第一艘载人飞船，而嫦娥一号是中国首颗月球探测卫星。"

"是的，小航。人造卫星、载人航天、深空探测是国际上公认的航天三大领域。1970年4月24日，中国在西北大漠深处成功将第一颗人造地球卫星送上太空，响彻全球的《东方红》乐曲宣告中华民族从此进入航天时代。时至今日，这颗卫星依然在近地轨道上飞行。神舟五号是中国第一艘载人飞船，搭载了一名航天员，就是航天英雄杨利伟。这次发射标志着中国成为世界上第三个能够独立将人类送入太空的国家，也打破了美国与俄罗斯在载人航天领域的垄断，在很大程度上提升了我国的国际地位。嫦娥一号月球探测卫星于2007年10月24日成功发射，这是我国首次进行深空探测，所以将其称为继人造卫星、载人航天之后中国航天的第三座里程碑。嫦娥一号首次绕月探测成功，使中国成为世界上为数不多具有深空探测能力的国家。"爸爸说。

"深空探测是实现科技强国的重要驱动力之一，也是大国展现综合国力的舞台。现在我国已经实现了月球采样返回和火星探测，后续还将实施火星采样返回，还将对木星、天王星等行星进行探测。"妈妈补充说。

下面我们详细讲讲嫦娥一号探月那些事儿。

嫦娥一号研制初期，科研人员遇到的最大困难之一就是研制测控系统。测控系统起什么作用呢？打个比方，我们可以把嫦娥一号想象成是一只大风筝，而测控系统就是拉风筝线的人。只是操控嫦娥一号的不是风筝线，而是电磁波。测控系统需要随时接收航天器的遥测数据来判断它的状态，监控它健不健康，是不是正确地执行了每个指令。另外根据下一步的计划，测控系统要发指令给航天器，命令它做各种动作。

在嫦娥一号之前，中国的测控系统只是运用于在地球轨道附近运行的航天器，绝大部分卫星距离地面在4.2万千米以内，属于近程范围。而在月球探测工程中，嫦娥一号卫星距离地面最远可达40万千米，可它携带天线的发射功率仅有20瓦，信号又很微弱。如何克服这些难题呢？

为此，探月团队研究制定了30多种传输、编码方式，制定了20多个全套飞控实施方案。后来，经过多方权衡、奋力攻关，科学家们从射电天文观测中找到了灵感。在射电天文观测中有一种技术，就是把几个小望远镜联合起来，达到一架大望远镜的观测效果。这个基本原理就是利用彼此距离较远的多个深空测控站构成网格，让它们同时观测一个探测器。这样，这些分布在不同地点的数个测控天线，被等效成了一个巨大的虚拟天线。

于是，由北京、上海、昆明和乌鲁木齐的4个望远镜，构成了1个相当于口径为3000多千米的巨大综合望远镜，这样嫦娥一号的位置就能被准确地锁定。通过攻克嫦娥一号测控系统的难关，我国初步具备了深空探测的能力。

2007年10月24日，嫦娥一号带着中国人的探月梦想，在西昌卫星发射中心发射升空，踏上了奔月的旅程。自从离开发射中心，嫦娥一号便离开了人们的视线，然而测控中心始终与它保持着密切的联系。嫦娥一号就像风筝一样，不管它飞到哪里、飞得多远，始终有一根无形的线在牵引着它，始终掌管着它的一举一动，航天人亲切地称测控系统为"嫦娥保护神"。

你好，太空

2007年10月24日，嫦娥一号探月卫星成功发射

测控系统不只要做到"千万里，我追寻着你"，还要引导嫦娥一号按照既定的路线飞行，即使偶尔偏离轨道，也能很快"迷途知返"。此外，一旦嫦娥一号发生故障，还能得到及时抢救。

10月31日，嫦娥一号卫星成功进行了第四次变轨，顺利进入地月转移轨道。

嫦娥一号在地月转移轨道上飞行了114小时，终于在11月5日靠近了承载着无数传说的月球。此时它的速度非常快，为2.4千米/秒。如果不及时刹车减速，它就无法被月球引力捕获，将与月球擦肩而过，沦为深空中漂泊的"游子"。但如果刹车过猛，它将一头撞向月球，粉身碎骨，这个环节称得上"失之毫厘，谬以千里"。

11月5日11时，嫦娥一号最关键的一刻即将来临！

此时，北京航天飞行控制中心指挥大厅内一片寂静，工作人员都在紧张有序地为嫦娥一号的第一次"刹车"做准备。

"在卫星建立使命轨道的三次'刹车'制动中，第一次'刹车'非常重要。一旦第一次'刹车'失败，嫦娥一号将与月球失之交臂，飞入遥远的太空。这对控制精度要求非常高，就像打移动靶，还要打中十环。"爸爸说。

11时15分，随着指挥大厅"主发动机点火"口令的发出，嫦娥一号开始刹车制动，速度逐渐降了下来，2.4千米/秒、2.3千米/秒、2.2千米/秒……22分钟后，卫星速度终于降到了可以确保被月球捕获的2.06千米/秒以下，近月制动成功。这个速度可以确保卫星既不会飞出月球引力范围，也不会直接撞向月球。随着指挥大厅一声"发动机关机"的口令，嫦娥一号卫星主发动机关机，它瞬间被月球引力捕获，成功进入月球轨道。从这一刻起，嫦娥一号卫星成为真正的绕月卫星。

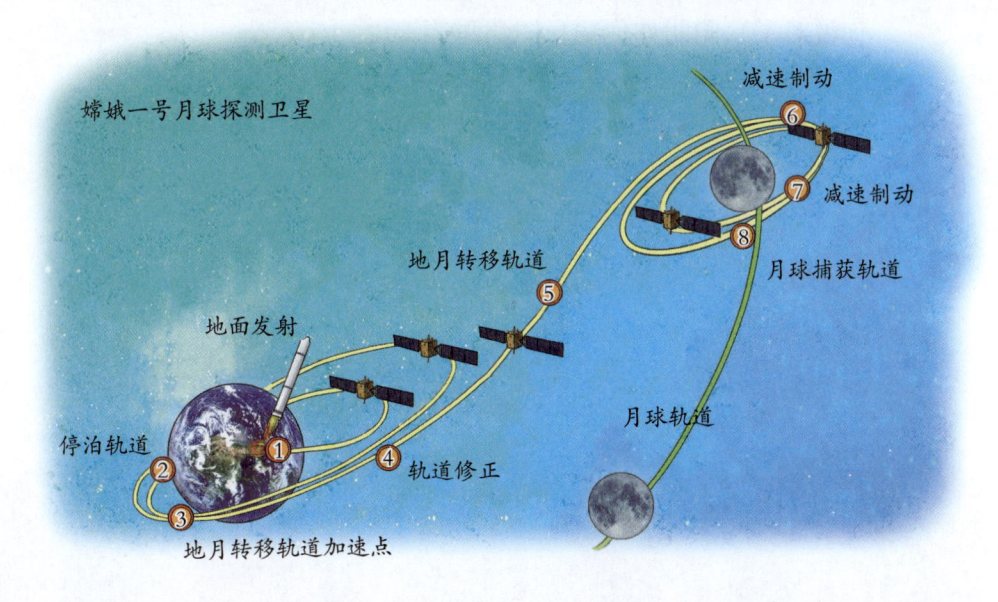

顿时，指挥大厅内掌声雷动，欢腾一片。

11月7日，嫦娥一号卫星在经过三次"刹车"制动后，顺利进入距月面约200千米、约每127分钟绕月飞行一圈的圆轨道，从此它就像纺线球一样围着月球一圈一圈地转。这一轨道正是卫星即将展开各项科学探测任务的使命轨道。

"它的入轨精度非常高。这对我们中国来说是一件意义非凡的事情，中国人首次探月大获成功。"爸爸激动地说。

"是啊，从发射到实现绕月，嫦娥一号卫星的表现可以用两个字来形容——完美！"甜甜也激动地说。

"真的替嫦娥一号开心，感谢中国探月团队为它设计了最完美的奔月路线。"妈妈说。

"月球是地球的卫星，那嫦娥一号就是地球卫星的卫星了。"小航说。

"你说对了，聪明如你啊！"甜甜笑着说。

嫦娥一号，你在月球都做些什么呢

"爸爸，嫦娥一号入轨后都要做什么工作呢？"小航迫不及待想知道接下来发生的事情。

"嫦娥一号卫星进入环月轨道后将从四个方面开展对月球的科学探测：第一，获取月球表面三维立体影像；第二，分析月球表面有用元素及矿物质的含量和分布；第三，测量月壤的厚度和评估月壤中氦-3资源量；第四，探测地月空间环境。

"嫦娥一号上搭载了8种科学探测仪器，包括微波探测仪系统、X射线谱仪、γ射线谱仪、太阳风离子探测器、CCD立体相机等。嫦娥一号要完成绕月探测的目标，就要靠这些科学探测仪器。另外，鉴于之前有东方红一号向地面传回乐曲的先例，此次嫦娥一号还搭载了30首中国乐曲在太空播放，并向地面回传。"爸爸说。

"太有趣了。都有哪些乐曲呢，爸爸？"小航问。

"有《谁不说俺家乡好》《爱我中华》《歌唱祖国》《梁山伯与祝英台》《我的祖国》《走进新时代》《二泉映月》《东方红》等，都是中国人耳熟能详的乐曲。"爸爸说。

"2007年11月19日，在地面控制下，嫦娥一号建立了对月探测工作模式，全部探测仪器开机进行分析处理。此时卫星已处于三体定向姿态。"爸爸接着介绍道。

"什么叫三体定向姿态？"甜甜问。

"所谓三体定向，就是指卫星的太阳能帆板保持对日定向，以获得足够的能源；卫星有效载荷工作面保持对月定向，以保证对月球实施探测；数据传输定向天线保持对地定向，以便能够建立畅通的通信链路，传回各种探测信息。嫦娥一号首次使用这项双轴天线自主指向控制技术，是我国自主研发的核心技术之一。"爸爸说。

嫦娥一号围着月球一圈一圈转的同时，它上面搭载的立体相机也在不停地拍照。2007年11月26日，国家航天局在北京航天飞行控制中心向全球正式发布了嫦娥一号卫星拍摄的第一张月面图片。时任国务院总理的温家宝为第一张月面图揭幕。当发布仪式上响起了"嫦娥仙子"的声音——乐曲《东方红》时，所有人无不动容。是啊，37年前，我国第一颗人造卫星东方红一号播放的《东方红》响起的时候，多少中国人流下了热泪。如今，这首承载着中国航天无数骄傲的乐曲从嫦娥一号卫星传回时，再次让无数中国人心潮澎湃。

2008年11月12日，由嫦娥一号拍摄的中国第一幅全月球影像图震撼发布，这是人类历史上第一张包含了月球南北两极的完整的高精度月球表面影像图，分辨率达到120米，是当时世界上公布的分辨率最高的全月图。

"从2004年探月工程正式实施到2007年嫦娥一号奔月，中国航天人只用了 3 年时间。嫦娥一号有多项自主研发的核心技术，除了刚才讲到的定向天线，还有热控制系统，也叫温控系统。"爸爸说。

"爸爸，您说到温控系统，我还正想问您这个问题呢。我们都知

2007 年 11 月 26 日，国家航天局正式公布的嫦娥一号卫星传回的第一幅月面图像

2008 年 11 月 12 日，依据嫦娥一号卫星拍摄数据制作的中国第一幅全月球影像图

道，嫦娥一号绕月飞行时，会受到太阳、月球、月球阴影、地球阴影和太空寒冷背景的影响，外部环境非常复杂，温差变化非常大，在这种环境下，嫦娥一号是如何控制自身温度的呢？"甜甜问。

"这个问题问得很好。卫星的热控制分系统很重要，一般的电子仪器设备，长时间在50℃以上的环境下工作就容易产生故障，而有一些设备，如化学电池，在0℃以下效率特别低。因此，卫星内部应保持在 –10℃~45℃的范围内。虽然嫦娥一号的工作环境恶劣了些，但我们的科学家为嫦娥一号量身定制了一套'冬暖夏凉'的'衣服'，即特殊的新型热控制分系统。穿上这套神奇的金色'衣服'，嫦娥一号就能在热的时候不觉得热，冷的时候不觉得冷了。

"为了探测月球，嫦娥一号这个六方体中的一个面要一直对着月球，为了防止月面上的红外热流对探测仪器产生影响，科学家为这个对月面'穿'上了一种特殊的隔热材料。而给其他5个不对着月球的面'穿'的是散热材料，能够做到最大限度地散发热量。

"当嫦娥一号绕月正常飞行时，它的太阳能帆板吸收阳光，当它飞行到月球背阴面时，热控制分系统把之前收集的热量进行适分配。嫦娥一号在一年内要经历两次月食，当进入月食环境后，要经历长达5小时的寒冷环境。所以科研人员在嫦娥一号内部安装了一种特殊导热管，热量在导管内部循环流动，就像我们家里安装的暖气片一样，能使卫星的几个面温度均匀。"爸爸详细地介绍了一通。

"太神奇了。"小航夸道。

2009年3月1日，是嫦娥一号来到月球轨道的第494天，它已

·嫦娥揽月·

经圆满完成了科学探测任务，所剩燃料不多了，生命即将走向终点，那么它将以什么样的方式结束使命呢？

地面控制中心决定让它硬着陆在月球上，就是撞到月球上去。2009年3月1日，地面控制中心对嫦娥一号发出减速变轨指令，嫦娥一号义无反顾地冲着月面飞行，它携带的相机还在紧张地工作。16时13分，嫦娥一号坠落在月球的丰富海区域，这里成为我国第一位探月使者的最后归宿。

嫦娥一号在轨运行一年多，传回的科学探测数据有1.37 TB，获得了月球全貌、月表化学元素分布、月表矿物含量、月壤分布、月球近月面环境等多项科研资料，圆满实现各项目标。

嫦娥二号从月球驶向宇宙

从西昌卫星发射中心出来后,小航一家来到了一家火盆烤肉店。落座后,爸爸就介绍道:"来西昌旅行,除了一定不能错过的西昌卫星发射中心,还有一样不能错过的体验,那就是一定要吃一顿地道的西昌火盆烧烤。西昌火盆烧烤是西昌地区极具代表性的特色美食,它不仅是一种独特的饮食习惯,更是一种地方民族文化,代表着西昌人民的热情、奔放、豪爽、直率。"

"太好了,我最喜欢吃烧烤了。"小航说。

一家人围坐在炭火炉盆旁,听着火盆把食物烤得吱吱作响,用烤肉蘸着秘制蘸料,享受着美食带来的满足。

"爸爸妈妈,五花肉、牛肉、土豆、茄子,烤熟后蘸着干碟,太美味了!"小航开心地说。

"你还是专心吃吧!口水都要流下来了,小吃货。"甜甜说。

品尝完美食,一家人又聊起了嫦娥二号。嫦娥二号是中国探月计划中的第二颗绕月人造卫星,原为嫦娥一号的备份星。原计划是用它来弥补嫦娥一号任务的不足的,但嫦娥一号任务取得了圆满成功,如何处置这颗备份星呢？经过反复研究论证后，科学家决定将嫦娥二号升级为嫦娥三号的先导星，验证月球软着陆任务部分关键技术。嫦娥二号华丽变身，由"替补"变为"先锋"。

2010年10月1日，嫦娥二号在西昌卫星发射中心划破苍穹，奔向月球。虽说一开始是嫦娥一号的备份星，但是嫦娥二号拥有更多的技能。

首先，嫦娥二号与嫦娥一号轨道设计全然不同。嫦娥一号是围绕地球的椭圆轨道做了几次加速才把自己甩出去，而嫦娥二号则是凭借长征三号丙运载火箭的巨大推力，沿着奔月时间短的高速路线直奔月球。嫦娥一号抵达月球用了12天，嫦娥二号只用了5天。

其次，除了比嫦娥一号飞得更快外，嫦娥二号还靠月球更近，它的轨道高度从200千米降为100千米。相比嫦娥一号在距月面200千米处被月球捕获，嫦娥二号则是在距月面100千米处进行制动，飞行速度更快、轨道更低、制动量更大，这对卫星制动控制精度提出了更高的要求。2010年10月6日，嫦娥二号被月球捕获，进入环月轨道。

再次，除了飞得更快，靠得更近，嫦娥二号还做到了看得更清。嫦娥二号所携带的立体相机空间分辨率已经从嫦娥一号的120米提升到7米。打个比方，如果嫦娥一号能够看到一个飞机场的话，那么嫦娥二号就可以看到跑道上的一架飞机。

2010年10月26日，嫦娥二号变轨下降，进入近月点距离月球15千米的轨道。它将自己的"眼睛"聚焦在月球的虹湾和雨海地区，这里是科学家选定的嫦娥三号的落月点。它对这个区域进行了高清晰度的拍摄，成功获取了分辨率约 1.3 米的虹湾局部影像图，为嫦娥三号之后的落月点做好了勘探工作。

"嫦娥二号的最大特点是一探三，它实现了对月球的探测，对拉格朗日 L_2 点的探测，还有对小行星 4179 的探测。"爸爸说。

"什么是拉格朗日 L_2 点？为什么要去那里？"小航问。

"说到这里，我们就必须普及一下拉格朗日点的知识了，因为后面讲到嫦娥四号"鹊桥"中继星的时候，还会提到它。简单地说，拉格朗日点是指在天体力学中，受两大物体引力作用下在空间中的一点，在该点，小物体相对于两个大物体基本保持静止。航天器如果飞到这里，维持轨道所需的燃料就会非常少。太阳和地球之间的日－地拉格朗日点共有 5 个，分别叫 L_1、L_2、L_3、L_4、L_5。其中，L_2 点在地球背对太阳的一侧，在这里，地球挡住了太阳的照射，形成一个温度较低、红外干扰较少的相对纯净空间，非常有利于科学家观察太阳系以外的宇宙，所以这个点也成为各航天大国抢占的目标。詹姆斯·韦布空间望远镜就被布置在这里。在这里，望远镜可以摆脱近地轨道尘埃、太空垃圾的影响，视野和观测位置也更加有优势，同时还可以用少量的燃料长期运行。"爸爸说。

2011 年 6 月 9 日，嫦娥二号正式飞离月球，奔向 150 万千米远的日－地拉格朗日 L_2 点，开启了中国深空探测的新征程。2011 年 8 月 25 日，嫦娥二号进入日－地拉格朗日 L_2 点环绕轨道。在这里，嫦娥二号进行了为期 235 天的探测，记录太阳耀斑等活动，使中国继美国和欧洲之后，第三个实现 L_2 点空间探测。

"爸爸，您刚才说，嫦娥二号还去探测了小行星？"小航说。

"是的，2012年4月15日，嫦娥二号离开日–地拉格朗日L_2点，前往小行星4179进行探测。2012年12月13日16时30分09秒，嫦娥二号在距地球约700万千米远的深空掠过小行星4179，最近距离仅为3.2千米，飞掠速度高达10.73千米/秒。这是中国第一次对小行星进行探测，中国也成为继美国、欧洲航天局和日本后，第四个对小行星实施探测的国家或组织。"爸爸说。

"爸爸，小行星有那么多，为什么嫦娥二号会选择探测这颗小行星呢？"甜甜问。

爸爸说："小行星4179也叫战神，它长为4.46千米，宽为2.4千米，形状看起来就像一颗花生，是迄今为止靠近地球的最大的小行星之一，被NASA列入'潜在危险小行星名单'。假如它与地球相撞，后果不敢想象。

"我国的科学家对小行星4179进行了长时间的观测，然后对它的轨道也做出了比较准确的预报。朝着战神飞去并且近距离给它拍张照，成了嫦娥二号的探测目标。

"嫦娥奔月很难，奔向150万千米外的深空也很难，飞往700万千米外的深空与行进中的小行星交会更难。设想一下，在浩渺的宇宙中，两个高速飞行的物体要想彼此看见，需要多么精准的轨道计算啊。科学家曾说，这比开枪去击中另一颗飞行的子弹还要难。但是我们的嫦娥二号做到了。经过195天跋涉和5次中途轨道修正，嫦娥二号一步步靠近小行星4179的运行轨道。"

你好，太空

  2012年12月13日16时30分，在距离地球700万千米处，嫦娥二号飞临小行星4179的轨道，为了能够清晰地拍摄到它，嫦娥二号早就做好了准备，打开相机对准漆黑的太空。这时只见一个花生一样的家伙，无声无息地出现在后方，它就是小行星4179。就在擦身而过之后的55秒钟内，相机连续拍照，成功获取11张光学影像，这是人类第一次拍摄到这颗小行星的图像。

  嫦娥二号完成了所有任务，地面不再给它发出任何指令。在此后的日子里，嫦娥二号又飞行了数亿千米，像一个浪迹天涯的游子在太空中游荡。现在，嫦娥二号已成为太阳系的一颗"人造行星"，绕太阳飞行。它大约会在2029年前后回到地球附近，遥望家园。

嫦娥二号与小行星4179擦身而过

嫦娥三号稳稳落在月球表面

晚上,小航一家人在西昌卫星发射中心附近找了一家宾馆住了下来,爸爸说:"今天晚上大家都早点休息吧。明天我们去邛海-螺髻山风景区看一看。"

"太好了,爸爸。我还不困呢,今天晚上您能接着讲讲嫦娥三号的故事吗?"小航说。

"说起嫦娥三号,那可有得讲了。嫦娥三号是中国首个登月飞船,由着陆器和玉兔号月球车(巡视器)组成。2013年12月2日,长征三号乙加强型火箭成功将嫦娥三号发射升空;12月14日,嫦娥三号着陆月面,着陆器和巡视器分离。"

小航恍然大悟道:"我记得您说过,嫦娥工程有三个阶段,嫦娥一号和嫦娥二号都是'绕'阶段,而嫦娥三号属于'落'阶段,对吧?"

爸爸说:"是的,我们绕月探测就是对月球全球进行一个普查。落月探测呢,就是进行区域性的详查。嫦娥三号首次实现了中国地外天体软着陆和巡视探测,中国至此成为全球第三个实现月球'软着陆'的国家。"

"我记得当时看过电视直播，嫦娥三号软着陆过程充满风险呢。"妈妈说。

"是的，我们就从嫦娥三号落月讲起吧。"爸爸说。

"2013年12月10日21时24分，嫦娥三号已成功进入近月点高度约15千米、远月点高度约100千米的月球椭圆轨道。

"2013年12月14日20时59分，降落程序启动，嫦娥三号收起太阳能帆板，发动机喷口朝前，7 500牛变推力发动机开机，嫦娥三号开始动力下降。此时它需要在10分钟内，把高达6 480千米的时速降为0。在下降过程中，嫦娥三号一边看一边落，它携带的微波测距测速敏感器和激光测距敏感器不断测出到月面的距离和下落速度的信息，控制调整发动机的推力。

"虽然此前嫦娥二号对着陆点虹湾区域做过精细的调查，但具体到降落点这个小范围内有没有坑或者大石头，还需要嫦娥三号自己观察。在嫦娥三号下落到距离月球表面100米的地方时，它像直升机一样悬停在空中，开始仔细观察自己的降落点。

"悬停是为了找到完美的着陆点，嫦娥三号要确保自己的着陆点没有影响平稳着陆的沟渠，也不能出现坡角大于8°的斜坡，地面要尽量平坦。这个阶段，由嫦娥三号自主控制、自主选择，地面无法帮助它。如果它判断下方区域不适合着陆，它会打开水平移动的推力器，自主平移，寻找更平坦的着陆点。可别小看它这点本领，这可是世界上首次使用的技术。"爸爸说。

此时地面控制中心屏幕上显示，下方月面有一个撞击坑，直径约

·嫦娥揽月·

15米，在大坑的边上还有一块长2米多的巨石，如果嫦娥三号悬停时不调整一下的话，着陆会有很大的风险。幸运的是，嫦娥三号也发现了这个坑，它聪明地向南自主避障了。

嫦娥三号找好着陆点后，开始了最后的旅程——缓速下降。当着陆器下降到4米的高度时，发动机关机。21时11分14秒，嫦娥三号以自由落体的方式落向月面，21时11分15秒，嫦娥三号那4米多高、1吨多重的身躯重重地落在了月面上。落月成功！

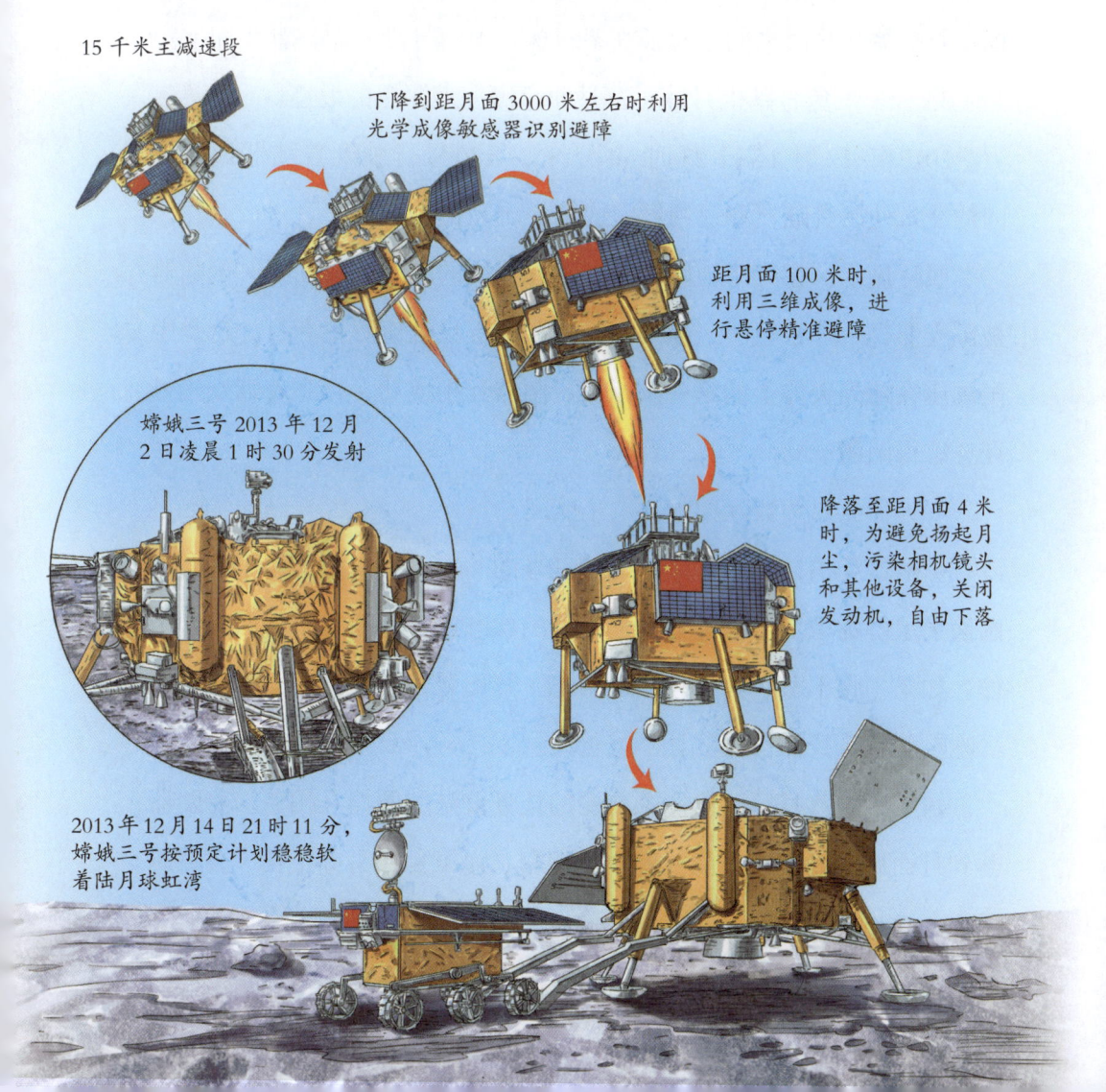

15千米主减速段

下降到距月面3000米左右时利用光学成像敏感器识别避障

距月面100米时，利用三维成像，进行悬停精准避障

嫦娥三号2013年12月2日凌晨1时30分发射

降落至距月面4米时，为避免扬起月尘，污染相机镜头和其他设备，关闭发动机，自由下落

2013年12月14日21时11分，嫦娥三号按预定计划稳稳软着陆月球虹湾

此时月球上是白天，阳光炙烤着月面，月表的温度超过了100 ℃。嫦娥三号就是在这样的条件下开始工作的。嫦娥三号着陆大概10分钟后，着陆器展开太阳能帆板，转移导轨张开。着陆器顶部的玉兔号月球车也展开太阳能帆板，竖起桅杆。安装在桅杆上的导航相机对周边环境拍照，发回地球。地面专家检查确认后，向嫦娥三号发送两器分离的指令。

15日3时许，玉兔号轮子解锁，向转移导轨缓慢移动，转移机构在着陆器与月面之间搭起了一架斜梯，玉兔号沿着斜梯款步而下。4时35分，玉兔号踏上月球，在月面印出一道深深的痕迹。

2013年12月15日23时40分许，玉兔号行驶到着陆器偏北方向约9米处，着陆器和巡视器完成第一次互拍。

照片显示，在虹湾地区布满砾石和尘埃的灰黑色月面上，着陆器被阳光照得一片金色，玉兔号"胸前"的五星红旗鲜艳夺目，这是中国国旗在地外天体上的第一次留影。两器互拍成功，标志着嫦娥三号任务取得圆满成功。

"为什么要两器互拍呢？"小航问。

"两器互拍，实际上是对嫦娥三号的一次'体检'，科学家通过画面去了解嫦娥三号着陆器和巡视器的状态，验证相机是否能正常工作。如果'腰不酸、腿不疼、眼不花、耳不聋'，就说明一切正常，'吃嘛嘛香，身体倍棒'！"爸爸说。

嫦娥三号落月后，第一个重要的任务就是"两器互拍"。着陆器落到月面后不能动，只能开展原位探测，而玉兔号有6个轮子，可以

实现巡视勘察，所以，两器互拍工作中，我们的玉兔号就需要多"跑腿"了。可别小看这一分多钟的互拍，玉兔号从开始行动，到走到最佳拍摄地点，花了一个半小时。18时28分，玉兔号开始启动，向互拍地点走去，20时抵达拍摄点。玉兔号环绕着陆器转转身子，面向阳光，找到最佳拍摄光线。这个在地球上简简单单的动作，在满布月尘与岩石的月球上却很艰难。

"真不容易啊，辛苦'小兔子'了。"甜甜说。

"12月15日是第一次两器互拍。事实上，从15日到22日，嫦娥三号着陆器和玉兔号共进行了五次互拍。玉兔号以60°为间隔绕着陆器行驶，分别在着陆器的正后方、侧方、正前方等五个位置进行了互拍，给地面传回了大量图像数据。"妈妈说。

"这么辛苦的任务就少让'小兔子'做两次不行吗？科学家真是太不懂得'怜香惜玉'了。"小航调侃道。

"不用替它担心啦，五次两器互拍任务不是在一天内完成的。何况，我们的玉兔号从16日开始就要'午休'几天了。"妈妈说。

"玉兔号刚来到月球，还没好好游玩一番，为什么要午休呢？"小航问。

"从16日开始，玉兔号迎来月昼高温考验，根据测试结果，玉兔号上太阳光直射部分温度高达100℃，而背光的阴影部分低至0℃以下。所以，科学家决定让它睡个长长的午觉，转入午休模式——移动等分系统停止工作。"妈妈说。

"既然是午休，睡一两个小时就够多了吧？为什么一睡就是几天呢？"小航不解地问。

"月球绕地球转一圈需要28天左右，月球自转也是28天左右。这意味着，月球上的一昼夜相当于地球上的28天左右。月昼和月夜各长约14个地球日。嫦娥三号来到月球的时候是月昼期间，就是白天，月球上的一个白天不是14个地球日吗？所以，一直到12月25日，嫦娥三号才会迎来它在月球上的第一个月夜，到那时候，玉兔号就要睡上14天了。这是科研人员为玉兔号设计的休眠模式——14天工作，14天睡觉。"甜甜说。

"日出而作，日入而息，作息习惯很好啊。"爸爸笑着说。

"对了，我想起来了。我忘了月球上的1天是地球上的28天这个知识点。好记性不如烂笔头啊，我还是记到笔记本上吧。"小航边说边拿出本子记了下来。

"小航，你没能记住可能是你对它还不理解，爸爸再给你解释解释。在地球上，太阳大致是每天早上6时从东方升起，到正午12时升到中天；再从中天慢慢西移，直到落下地平线，差不多也是6小时；

然后再经过 12 小时的黑夜。这就是 1 天 24 小时。但在月球上却不是这样。在月球上，太阳从东边升出'月平线'之后，要经过 160 多个小时才能升至中天；从中天移至西边月平线落下，又需 160 多个小时；然后再经过 320 多个小时的黑夜，才算 1 天（大约是地球上的 4 个星期左右）。确切地说：地球上的一昼夜是 23 小时 56 分 4 秒（简化为 24 小时），月球上的一昼夜则长达 27.32 天，就是'阴历'的一个月。

"并且月球上昼夜交替非常突然，不像地球上的晨昏蒙影状态，晨昏蒙影就是在日出以前和日落以后的一段时间内，天空仍然明亮。在月球上，没有大气遮隔，太阳出来后，天空立刻变得明亮；太阳一落下'月平线'，黑夜马上笼罩月球。"爸爸担心小航没理解这个知识点，一口气讲了很多。

"老爸，我理解了。我想知道，玉兔号午休什么时候醒来呢？"小航噘起嘴巴说。

"2013 年 12 月 20 日，玉兔号提前结束短暂的午休，开始勘测工作。我为什么说提前结束呢，这是因为科学家原定玉兔号于 23 日结束午休，但经过几日的观察和对各类遥测参数的判断，他们发现玉兔号可以在当前环境下工作，因此决定提前结束它的午休。"爸爸说。

"好吧，真正的探险才刚刚开始！"小航兴奋地说。

智能机器人——玉兔号月球车

月球车学名叫月面巡视探测器，玉兔号是我国第一个在外星球进行巡视勘察的机器人。它的名称来源于我国神话中在月宫陪伴嫦娥的玉兔。玉兔号呈长方形盒状，长 1.5 米，宽 1 米，高 1.1 米，质量约为 136 千克，周身金光闪闪，耀眼夺目。科学家给它穿上"黄金甲"可不是为了美丽，而是为了反射月球白昼的强光，降低昼夜温差，同时阻挡宇宙中各种高能粒子的辐射，保护月球车肚子中的秘密武器——4 套科学探测仪器。

它的肩部有 2 片可以打开的太阳能帆板，它的腿就是 6 个轮子，科学家还给它安装了 1 个地月对话通信天线，还有 4 个位于顶部的导航相机及全景相机，前方装有避障相机与 1 个负责钻孔、研磨和采样的机械臂。

玉兔号的能源为太阳能，它能够耐受月球表面真空、强辐射、-180 ℃到 150 ℃极限温度等极端环境，还具备 20° 爬坡、20 厘米越障能力。

"玉兔号是具有自主功能的高智能机器人。值得骄傲的是，它是我国自主设计制造的第一款月球车，实现百分百中国制造。"爸爸说。

·嫦娥揽月·

12月22日凌晨，在北京航天飞行控制中心的控制下，嫦娥三号着陆器与玉兔号进行了第五次互拍，两器互拍任务圆满结束。玉兔号肩负着巡阅的使命，它需要前往更远的区域进行月面巡视勘察。在着陆器南面18米的地方，玉兔号告别了着陆器，转身向南开始了走走停停的巡阅之路。每走到一个停泊点它都要转头一周，把周围先看一遍，然后再开始探测。

"'小兔子'正式开启了巡阅的旅程。"小航说，"在月球上开车多酷啊，四面八方都没有交通信号灯，跑起来吧，'小兔子'。"

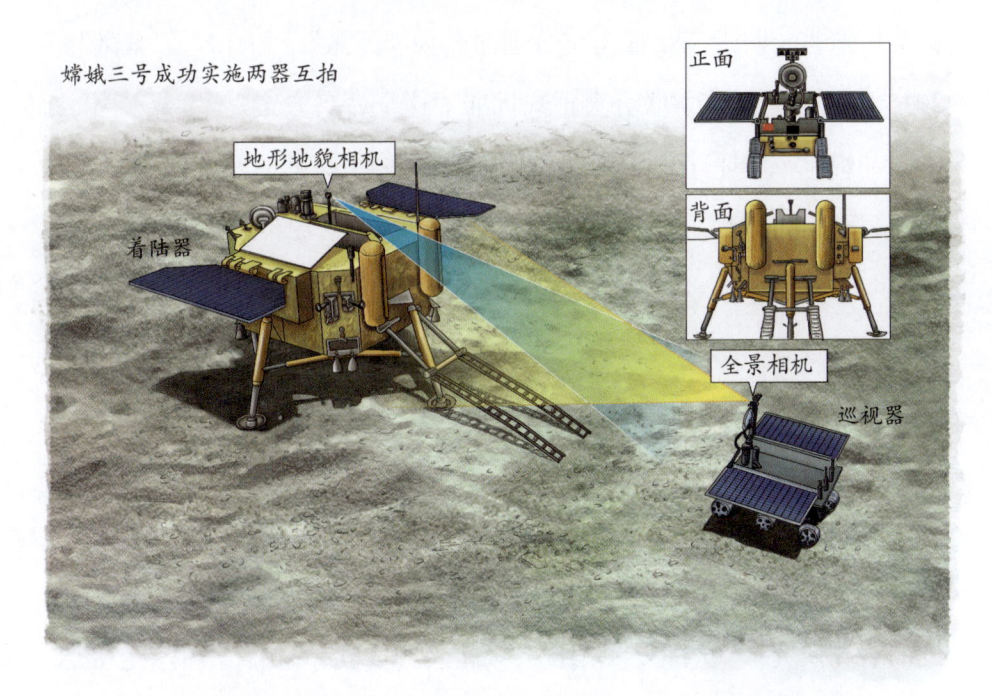

嫦娥三号成功实施两器互拍

"说到跑，你就大错特错了。"爸爸说，"'小兔子'行驶速度很慢，每小时只能走200米，比蚂蚁爬行的速度快不了多少。"

"太慢了吧。"小航说，"月球车学名不是叫巡视器吗，那它最

87

大的特点就应该是能走会动啊。它是车，怎么还没人的两条腿走得快？"

"这种速度对于探测器而言是非常正常的。"甜甜说。

爸爸说："月球车之所以会如此缓慢，第一是因为它的使命，它到月球上来，不是为了赛车，而是为了科研。科研是它最重要的使命。这意味着它绝大部分能源都要用在科研仪器上，运动功能只是这些仪器的辅助。"

中国科学家把嫦娥三号落月点附近，即玉兔号巡视探测的区域，称为广寒宫，附近三个撞击坑分别命名为"紫微""天市""太微"。2015年，国际天文学联合会正式批准了这个命名方案。

"嫦娥三号千辛万苦来到月球，要做些什么呢？"小航问。

"观天、看地、巡月，就是科学家给嫦娥三号布置的科学任务目标。"爸爸说。

爸爸接着讲解："第一个是观天。科学家利用月基光学望远镜，给月球北极上方区域的天体做了一次科学普查，这是人类在紫外波段的第一次巡天。嫦娥三号着陆器上的月基天文望远镜至今仍在工作。

"第二是看地。嫦娥三号着陆器的顶部安装了一台极紫外相机，可以对地球周围的等离子体层产生的30.4纳米辐射进行全方位、长期的观测研究，实时记录太阳风、磁层、大气层的相互作用。它是人类第一次在月球上对整个地球等离子体层进行观测。

"第三是巡月。月球车的底部安装了一台测月雷达，这是国际上首次直接探测30米深度内月壤层的结构与厚度，也是首次探测数百米深度内月球地壳浅层的结构。"

12月26日，玉兔号迎来第一个月夜，5时23分，在北京航天飞行控制中心的精准控制下，玉兔号完成月夜模式设置，顺利进入月夜休眠。嫦娥三号着陆器也已于25日11时左右进入"梦乡"。

"月球车休眠之前会有一系列规定动作，它会放下桅杆，合上右侧太阳能帆板，起到保温作用，左侧太阳能帆板调整方向对准东方，然后美美地睡上一觉。"爸爸说。

"玉兔号睡着了就不怕冷了吗？仪器不会冻坏吗？"小航问。

"休眠模式就是为了保护它不被冻坏。月夜期间，玉兔号无法得到太阳能帆板供电，而月表月夜最低温度可低至 –180 ℃。玉兔号要依靠自身热控系统保持体温。我国科学家首次利用放射性同位素热源加两相流体回路方案，在玉兔号舱内装了两个阀，将这两个阀打开以后，放射性同位素发出的热就被导入到舱内。据说，同位素热源能将舱内温度提高到 –50 ℃左右。"爸爸说。

"哈哈，全是高科技啊。真是厉害！"小航说，"虽然我听不太懂什么是放射性同位素，总之，不让'小兔子'冻着我就放心了。"

"就是核能，这是中国航天探测活动中首次应用核能。放射性同位素热源仅仅提供热能而不提供电力。"妈妈说。

自12月14日嫦娥三号探测器成功落月至12月26日，在12天的月昼工作期间，嫦娥三号着陆器和玉兔号月球车圆满完成了两器互拍、月面行走、对地成像、巡天观测和月面测试等任务，两器携带的有效载荷全部开机工作，获得了大量科学探测数据。

在经过第一个月夜的休眠后，2014年1月12日，当月球上第一缕阳光照射在玉兔号左侧的太阳能帆板上时，它苏醒了。玉兔号打开覆盖在身体上的右侧太阳能帆板，重新竖起桅杆，开始第二个月昼的工作。它轻轻舒展机械臂，边走边对脚下月壤进行勘察，它身上携带的测月雷达，精细地描绘出广寒宫月表下的浅层结构。

"啊……我坏掉了。"2014年1月25日，微博账号"月球车玉兔"发了一条微博，说自己坏了。一时间，玉兔号的命运牵动了万千人的心。玉兔号出现了问题，它停在原地动弹不得。它的大脑是清醒的，但它的四肢不听使唤，它不断地向地球传送着各种各样的数据信号。地面的科学家很着急，却没办法救它。经历了一个又一个月昼月夜的交替，玉兔号醒来又睡去。2016年7月31日，玉兔号停止了工作。设计寿命为3个月的玉兔号超额完成了任务，超长服役了2年多，令人感动。

关于玉兔号为何出现故障，科学家还无法给出确定的答案。太空探索就是这样，既危险又美丽。也许很多年以后，中国的航天员可以在月球上找到玉兔号故障的答案。

嫦娥四号未动,"鹊桥"先行

第二天,一家人很早就来到了邛海。在邛海景区,无论是嬉水散步、喝茶乘凉,还是泛舟湖上,都十分惬意。景区正在举办"金秋菊颂"展览活动,造型各异、颜色艳丽的菊花让大家大饱眼福。逛完风景秀丽的邛海,一家人又去看了泸山风光。泸山就在邛海对面,不太高,他们选择步行上山。途中遇到很多调皮的野生猴子,吱吱叫着要东西吃。

"如果不想被小猴子打扰,你就把双手摊开给小猴子看看,表示自己没有带吃的,聪明的小猴子就不会来打扰你了。"爸爸说。

"我带的所有口粮都给它们了,真的没有了。"小航说。

他们最后去了青峰叠翠的螺髻山,乘坐观光索道,直达海拔3600多米的黑龙潭,观赏一连串的高山湖泊。螺髻山的冰川湖泊有好几十个,呈群状分布,水色各有不同,红色、墨黑色、金黄色、碧蓝色等,颇为神奇。美景如画,让人流连忘返。

"孩子们,想不想去世界上最大的温泉瀑布泡温泉啊?"爸爸说。

"世界上最大的温泉瀑布在哪个国家啊?老爸,我们现在在螺髻

你好，太空

山，这一天下来，我的小腿都要累转筋了。此刻我倒是想泡泡温泉，好好放松一下。您别说去世界上最大的温泉瀑布了，找个小池子给我泡泡我就很满意了。"小航说。

"老爸可没有吹牛，说到做到。现在就带你们去世界上最大的温泉瀑布泡温泉去。"爸爸说。

没多久，一家人就来到了热气蒸腾、声响如雷的温泉瀑布附近，只见这里既是一处从天而降的瀑布，又是难得的温泉浴场。温泉流经山中的洞穴形成一个个水潭，水潭中没有一点泥沙。

"此泉不论春、夏、秋、冬，水温基本不变。即使狂风暴雨，水

依然清澈如镜。"爸爸说。

"没想到还有这么'仙'的地方，我们快进去泡泡温泉吧。"小航迫不及待地说。

一家人选了一个温泉洞，坐在池子里，感受着温泉的温度，一天奔波的劳累都消散了。

"'瀑布常有而难恒温，温泉也常有而不成瀑'，但在这里这句话被打破了，这里从半山的悬崖上飞泻而下的温泉水永远都只有三四十摄氏度，这简直是个奇迹。秋天来这里泡温泉真好呀。"妈妈说。

小航说："爸爸，昨天您讲了嫦娥三号，今天您再接着讲嫦娥四号吧，后面的故事一定更精彩，您快说说吧，我已经等不及了！"

"好吧，在这人间仙境的瀑布温泉中讲嫦娥，也非常应景。"爸爸说，"2018年12月8日，长征三号乙运载火箭在西昌卫星发射中心将嫦娥四号送入太空。2019年1月3日，嫦娥四号探测器在南极－艾特肯盆地的冯·卡门撞击坑成功登陆，我国第一次实现了月球背面的软着陆。嫦娥三号搭载的是玉兔号，嫦娥四号搭载的是玉兔二号。"

"爸爸，嫦娥四号怎么会选在月球背面着陆？"小航问道。

"嫦娥四号是嫦娥三号的备份星。在嫦娥三号落月探测取得成功后，作为备份的嫦娥四号到底还要不要发？发上去探哪里？科学家们争论了很长时间。

"经过反复论证，降落月球背面这一大胆的计划被提了出来。对未知事物保持探索的欲望，这是我们人类的天性。科学家们希望让嫦娥四号到月球背面去开创人类的第一次。当时这个方案一出，也有不少人提出疑问：在月球背面着陆，其他国家都没有做到，我们能做到吗？

"月球正面相对平坦，相当于我国的华北平原这一带，但月球背面就有点像云贵川这种丘陵、大山地带。背面着陆比正面要困难得多。

"首先，要想在月球背面上找到一个平坦的着陆点是非常困难的；其次，月球背面的信号被月球挡住了，在这里发出的无线电波无法绕过月球与地球直接联系。这该如何解决呢？"爸爸说。

"解决方案就是中继星。"甜甜抢答道。

"是的，必须增加一颗中继星，才可以做到人类首次的月球背面着陆。"

"什么是中继星呢？"

"中继星就像'传球手'，它能同时将地球、月球背面纳入视野，扮演两个原本被隔绝地点之间的'传球手'角色。科学家将嫦娥四号的中继星取名为'鹊桥'。"爸爸解释道。

"鹊桥，我知道。为了让牛郎和织女相会，喜鹊们用身体紧贴着搭成的一座桥，每年农历七月初七七夕节，牛郎和织女会在鹊桥上相会。"小航说。

"鹊桥是牛郎织女联系的桥梁，现在有了新的意义，成了地球和月球联系的桥梁，这名字起得多么形象生动啊。"妈妈说。

"那么，茫茫太空，究竟要把中继星放在哪里，才能做好'传球手'呢？"小航问。

"这一次轨道专家们选择了地–月拉格朗日 L_2 点。"爸爸说。

"拉格朗日L_2点？我知道了，就是嫦娥二号去过的那个地方。"小航兴奋地说。

"小航，爸爸要好好解释一下，虽然都叫L_2点，但嫦娥二号去的L_2点和鹊桥中继星去的L_2点并非同一个地方，嫦娥二号去的是日-地拉格朗日L_2点，詹姆斯·韦布空间望远镜去的也是日-地拉格朗日L_2点，它的具体位置在太阳和地球连线延长线上距离地球150万千米的地方；鹊桥中继星是去地-月拉格朗日L_2点，这是月球背面的地月引力平衡点，距离月球约6.5万千米。这里能够同时看到月球的背面和地球，这样才能够进行通信。两个L_2点距离是比较远的。"爸爸说。

"拉格朗日点实际上是指两颗星球的引力平衡点，地球和太阳两颗星球之间有5个，同样，地球和月球两颗星球之间也有5个。"姐姐补充道。

"噢，原来是这样啊。"小航恍然大悟。

2018年5月21日，长征四号丙火箭一飞冲天，嫦娥四号的先锋官鹊桥中继星踏上了旅程。"鹊桥"个头不大，质量只有448千克。火箭把"鹊桥"送到距离地面200千米的高空后，"鹊桥"展开了太阳能帆板，接着又张开了一张金色的大伞，这张伞的口径足足有4.2米，它就是"鹊桥"上的核心设备——中继天线，也是人类深空探测器历史上最大口径的太空通信天线。

20多天后，"鹊桥"成功到达预定位置——地-月拉格朗日L_2点。在该位置，"鹊桥"可以和在月球背面登陆的嫦娥四号通信，也可以

你好，太空

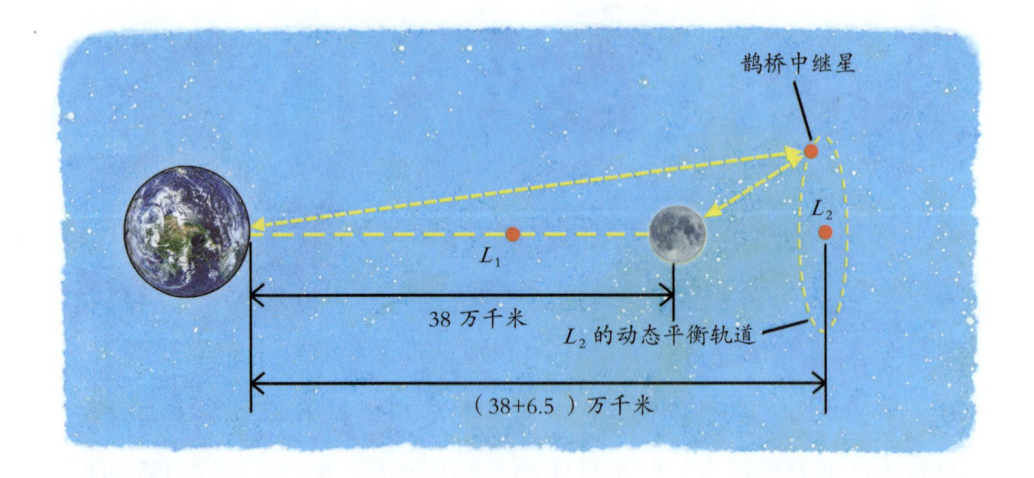

和地面通信，从而作为两者的桥接通信卫星。

浩瀚宇宙，太阳系一隅，在地球与月球之间，一座贴有中国标签的"鹊桥"已经搭建完毕，它的任务是迎接即将到访月球的"仙女"——嫦娥四号。

"'嫦娥仙子'，快来吧，'鹊桥'在那儿等着你呢。"小航调皮地说。

嫦娥四号在月球背面降落

2018年12月8日凌晨2时23分，西昌卫星发射中心一道烈焰划破夜空，长征三号乙运载火箭一飞冲天，将嫦娥四号探测器发射升空。2018年12月12日，经过约110个小时奔月飞行，嫦娥四号探测器到达月球附近，16时39分，在距离月面129千米处发动机点火。5分钟后，嫦娥四号顺利完成近月制动，成功进入环月椭圆轨道。

2019年1月3日早上，嫦娥四号探测器在距离月面15千米的轨道上，自北向南朝着南极－艾特肯盆地飞去，那里是科学家为它选定的着陆区域。

在崎岖不平的月球背面，选择一个满足科学和工程双重需要的着陆区，可不是一件容易的事情。与月球正面不同，月球背面主要是高地和山脉，密布着陨石坑，环形山比正面多了很多。南极－艾特肯盆地的直径大约2 500千米，深约13千米，面积约490万平方千米，相当于半个中国陆地的面积。它是月球上最大的撞击盆地，也是太阳系内已知的最大的盆地。南极－艾特肯盆地西北部的冯·卡门撞击坑，面积比我国的海南岛略大一点，这里就是科学家为嫦娥四号选定的着

你好，太空

陆区。

"为什么会选择这个地方呢？"小航问。

"科学家考虑到此处太阳光照最合适。如果选的地点太靠近月球赤道的话，月球表面的温度太高，太靠南温度又太低，光照不够。这个地方正好是在月球的正背面中间，不仅太阳光照合适，还比较利于着陆器和中继星进行通信。"爸爸说。

2019年1月3日10时15分10秒，发动机点火，嫦娥四号开始减速制动。10时26分，嫦娥四号成功着陆在冯·卡门撞击坑。

嫦娥四号着陆后，科学家为落月点附近区域月面标志进行了命名。在冯·卡门撞击坑中央峰的东南有3个比较明显的撞击坑，这3个坑被命名为"织女""河鼓""天津"。三个坑之间，嫦娥四号的落月

点被命名为天河基地，冯·卡门撞击坑的中央峰被命名为泰山。2019年2月4日，国际天文学联合会批准了这5个命名。

2019年1月3日11时40分，嫦娥四号着陆器获取了月背影像图并传回地面。这是人类发射的探测器首次在月球背面拍摄到的近景图片。

"爸爸，嫦娥四号到月球要执行哪些任务呢？"小航问。

"嫦娥四号有3项科学目标：开展月球背面低频射电天文观测与研究；开展月球背面巡视区形貌、矿物组分及月表浅层结构探测与研究；试验性开展月球背面的月表粒子辐射总剂量、中性粒子辐射剂量等月球环境探测研究。"爸爸说。

"这些专业术语好难理解啊。"甜甜说。

什么是"开展月球背面低频射电天文观测与研究"呢？在月球背面，月球本身挡住了地球，可以完美地避免地球电磁辐射的干扰，安

嫦娥四号着陆器上面低频射电频谱仪的3根大天线

静地接收来自宇宙的电磁波，在那里开展低频射电观测是全世界天文学家梦寐以求的事情。基于月背的如此独特之处，科学家们在嫦娥四号着陆器上加了一个重要的科学仪器——低频射电频谱仪，依靠那3根5米长的天线，开展低频射电天文观测，填补低频射电观测的空白。

"噢，原来嫦娥四号着陆器上面那3根长长的是天线啊。"小航感叹说。

巡视区形貌和矿物组分研究，是利用玉兔二号月球车搭载的可见和近红外光谱仪、全景相机及测月雷达等，对着陆区光谱、石块分布、浅层结构等进行分析，获得着陆区形貌、物质矿物组成和来源及特性等科学结论。

月表浅层结构探测和研究是根据嫦娥四号着陆器测月雷达和相机数据等，揭开月球背面地下结构的神秘面纱，提高我们对月球撞击和火山活动历史的理解，为月球背面地质演化研究带来新的启示。

月表的粒子辐射总剂量、中性粒子辐射剂量等研究是利用嫦娥四号着陆器的探测仪，获得月表高能粒子辐射环境谱、月表中性原子能谱结构和反照率，为未来月球航天员辐射防护设计提供重要参考。

另外，嫦娥四号还做了一件很重要的事情，就是给月球量体温。在嫦娥四号之前，人类没有一张完整的月球全天温度曲线图，大家无法得知月昼到底有多热，月夜到底有多冷。

"噢，这个很有趣啊，嫦娥四号如何给月球量体温呢？"小航问。

"科学家把测温计安装在释放巡视器用的转移机构上，转移机构的梯子是供月球车走下着陆器的，它不是需要搭在月壤上吗？所以当转移机构和月壤接触以后，就可以持续为月壤测量温度了。"爸爸说。

之前嫦娥三号是白天干活，晚上睡觉，而嫦娥四号因为肩负测量月球全天温度的任务，所以白天晚上都要工作，更加辛苦。在第一个月夜，嫦娥四号测量到冯·卡门撞击坑内月表的最低温度低于-190℃，这个数字刷新了人类对月球的认知。

"这次嫦娥四号还进行了一次生物科普试验，生物试验载荷内搭载了棉花、油菜、土豆、拟南芥、酵母和果蝇6种生物，这个载荷是一个圆柱形的密封罐，高度是18厘米，直径是16厘米。虽说只是一个不起眼的小罐子，但里面大有乾坤。罐子里有水、营养液、空气；罐子的顶部有一个直径1厘米的光导管，可以把阳光引入进来；罐子的内部还有2个摄像头，用来记录这些生物的生长过程。"爸爸说。

"噢，这太有趣了。后来这些植物长出来了吗？果蝇怎么样了？"小航非常感兴趣。

1月3日，嫦娥四号软着陆在月球背面的第一天，这个搭载有6种动植物的生物试验载荷就已经加电开机了，并开始给植物种子浇水。

1月5日，生物试验载荷内自带的监控相机传回的照片显示，一片绿色的叶子长了出来，这是月球上第一次生长出植物的嫩芽，是棉花的嫩芽。

"太好了，这可是月球上的第一株嫩芽，太珍贵了。"小航开心地说。

"爸爸，据我所知，仅仅过去了几天，科学家就宣布棉花嫩芽死亡了。这又是怎么回事呢？"甜甜的这句话给激动的小航泼了一盆凉水。

爸爸讲解道："1月12日，嫦娥四号登月后的第一个月夜前夕，由于没法给这个生物试验载荷"供暖"保温，所以科学家只能"忍痛割爱"，发送断电指令。在极寒的月夜，六种生物全都死亡了。不过专家们说：'这一切都在我们的预料之中，我们没有必要为它感到惋惜。发芽已属不易，客观条件并不能保障嫩芽继续生长。在下一个月昼期温度上升后，在全封闭状态的生物试验载荷中，六种生物将被慢慢分解成无害的有机物，并将被永久封存在生物试验载荷内部，不会给月球造成任何生物污染。'"

爸爸接着告诉小航："这项试验是一次重要的数据和经验技术的积累，意义重大。"

"二兔子"的探索之旅

2019年1月3日10时26分，嫦娥四号探测器成功着陆于月球背面冯·卡门撞击坑。15时07分，北京航天飞行控制中心通过鹊桥中继星向嫦娥四号发出着陆器与巡视器分离指令，解锁分离后，月球车于22时22分踏上月球表面。

鹊桥中继星要承担着陆器、巡视器与地面间的双向三方通话任务，不仅要将地面指令传达给月背上的这两个小家伙，还要把它们的探测成果传回地面。

玉兔二号月球车被大家亲切地称为"二兔子"，"二兔子"的冒险之旅从它到达月球时就开始了。2019年1月3日嫦娥四号落月后不久，月球车展开太阳能帆板，竖起桅杆，桅杆上的导航相机要对落月点周边环境进行环绕拍照，来获得周边环境的完整信息，然后把信息传给鹊桥中继星。科学家们通过分析鹊桥中继星传回的照片发现着陆器周围地形非常复杂，有5个深度为1~3米的撞击坑，而且在北面8米多远处还有一个直径25米左右的大撞击坑。

"爸爸，我记得之前嫦娥三号着陆后，第一个任务就是两器互拍。

嫦娥四号是不是也有同样的任务？现在着陆器附近的地形如此复杂，有这么多大坑，会不会影响它们互拍呢？"甜甜问。

"甜甜这个问题问得非常专业。之前嫦娥三号着陆在虹湾，月球车从转移导轨下到月面后，先按照六边形的路线围着着陆器绕行半圈，然后行驶到着陆器正面大约18米的地方，与着陆器完成互拍。

"玉兔二号原本也要按照这条路线，走到着陆器以北给着陆器拍个正面照，但是这个原定的路线太不平坦，所以科学家决定改在偏西一些的位置上（科学家称作A点）进行两器互拍。

"行驶路线定下来后，1月3日15时07分，工作人员在北京航天飞行控制中心通过鹊桥中继星向嫦娥四号发送指令，两器分离开始。

"玉兔二号向转移机构缓慢移动，转移机构在着陆器与月面之间搭起一架斜梯，玉兔二号沿着斜梯缓缓走向月面。22时22分，玉兔二号踏上月球表面，在月球的背面留下了第一道印记。着陆器上的监

玉兔二号在月球背面的第一道印记

视相机拍摄了玉兔二号在月背留下第一道痕迹的影像图,并由鹊桥中继星传回地面。

"到第二天(1月4日)17时的时候,嫦娥四号着陆器上低频射电频谱仪的3根5米天线已经展开到位,月表中子与辐射剂量探测仪开机进行了测试,地形地貌相机拍摄的影像图也陆续传回地面;玉兔二号巡视器与中继星成功建立独立数传链路,玉兔二号按计划走到A点。A点是科学家为它选择的和着陆器互拍的最佳位置。"

着陆器地形地貌相机拍摄的玉兔二号在A点的影像图

"那现在是不是要开始两器互拍了？激动人心的时刻到了。"小航说。

"别急别急，'二兔子'虽然走到了拍摄点，但现在还不是两器互拍的时候，因为此时月球是正午时分，日照最强、温度最高，'二兔子'待的地方温度逼近100 ℃，所以它要尽快进入午休模式。"爸爸说。

"呵呵，真有意思，和它的姐姐玉兔号一样，玉兔二号一上月球也要睡觉了？"小航说。

"睡午觉可不代表'二兔子'在偷懒。如果正午时分不停止工作的话，它身上大量的载荷还会放热，玉兔二号恐怕要变成'烤兔'了。等到午休之后，'二兔子'就会睁眼、转身、回头、拍照，与嫦娥四号着陆器完成两器互拍。"甜甜说。

值得一提的是，着陆器热控能力强，在午间仍能工作，地形地貌相机和其他有效载荷可以继续展开相应的科学探测。

2019年1月10日，玉兔二号结束了午休，成功被唤醒。1月11日，嫦娥四号着陆器与玉兔二号巡视器，在中继星的支持下顺利完成互拍，地面控制中心接收图像清晰完好。两器互拍完成，就意味着一切运转正常。两器互拍完成之后，玉兔二号就开始了巡视探测的任务。

发现"神秘小屋"

"爸爸,之前玉兔号出现故障无法移动,我好担心玉兔二号也会出现故障呀。"小航说。

"你的担心也是科学家担心的,之前科学家推测玉兔号的故障可能是短路了,所以这次对嫦娥四号增加了防护措施,让短路不再发生。除此之外还有一重保护,那就是系统的故障隔离设计。故障隔离,顾名思义,就是当局部出现问题的时候,将它与其他部分迅速隔离,不让这个问题进一步扩展。"爸爸说。

"为了能够长久地在月球上工作,'二兔子'总结了姐姐玉兔号的经验教训,在布满大大小小的坑的月面,它绕坑爬坡的时候非常谨慎;它严格作息,从不加班;为了避免高温影响身体健康,它中午时分都要睡个午觉。"妈妈调皮地说。

2019年1月14日,嫦娥四号迎来了第一个月夜。此时玉兔二号已经走了44.8米,对周边环境做了360°拍摄。着陆器和月球车都要进入月夜休眠。2019年1月29日,太阳出来了,玉兔二号从美梦中醒来。

"'二兔子'是如何工作的呢?"小航问。

你好，太空

"'二兔子'身上有三双眼睛，一是桅杆上的一对全景相机，二是一对导航相机，三是前轮上方的一对避障相机。这三对相机可以拍摄不同视角的图像，然后通过月球车桅杆上的天线发送给中继星，中继星再转发回地面。科学家团队会根据图像中的景象，制定月球车的探测目标。"爸爸说。

"科学家团队制定月球车的探测目标以后，下一步就轮到驾驶员上场了。北京航天飞行控制中心的遥操作团队就是月球车的驾驶员。月球车沿途有没有障碍？如何规避障碍？会不会对'二兔子'的安全带来风险？驾驶团队会规划出一条月球车安全行驶的最优路径。

"驾驶团队将控制指令发送给40多万千米外的中继星，再由中继星转达给在月球背面等待指令的'二兔子'。'二兔子'会按照指令驱动仪器进行科学探测。"爸爸继续讲解道。

"哇，原来'二兔子'的每一步都是地面人员辛苦规划的啊。"小航说。

"那是当然，'二兔子'在月球行走就像一个婴儿在充满荆棘的路上爬行，每一步都要非常小心。"甜甜说。

玉兔二号在崎岖月面上一路走一路探，它携带的测月雷达持续向行走路径下的月面发射雷达波，看看月表下面40米范围内好几层不同的结构。月背，注定是一个孤独的地方，作为首辆在月球背面登陆的月球车，玉兔二号在那里勤勤恳恳地工作着，它成为在月球上工作时间最长的机器人。它每向前迈出的一步都在刷新人类的纪录，每传回的一张照片都在拓展人类的视野。

2021年10月29日，玉兔二号从月夜甜美的梦中醒来，开始了它第36个月昼的工作。它伸伸懒腰，往四处张望，发现自己的东侧密布大型撞击坑，西北方是两个坡角高达10°的大坡，这是玉兔二号来月球后遇到的最大陡坡，这个坡角超出了它的能力范围。玉兔二号的下一步任务是向西探测，如果想继续西行，就必须先越过障碍。这该怎么办呢？玉兔二号等待着、等待着。

地面的驾驶员们看到这种状况更着急，经过一番激烈的讨论后，驾驶员们决定让玉兔二号北上爬坡，寻找突破口。

移动的指令发出后，玉兔二号勇敢地迈开了脚步，开始了一次爬坡挑战。它起步时有一个接近9°的仰头，驾驶员们的心都提到了嗓子眼。玉兔二号"心理素质"很好，它一步一步稳步爬坡。坡度终于越来越缓了，坡角慢慢地控制在了3°以内，玉兔二号爬坡成功，顺利"突围"，来到了平坦地带！

在玉兔二号"翻山越岭"的时候，它还不忘对周围的月表"地平线"实施环拍。突然，北侧"地平线"处一个突出的立方体引起了驾驶员们的注意，这个物体仿佛一个正方形的神秘小屋，驾驶员们立刻讨论起来，如此规则的形状，像是人为建造的，那会是外星人建起的小屋吗？

在好奇心驱动下，驾驶员们开始测量距离，天边的神秘小屋距离玉兔二号的位置约80米，玉兔二号需要两个月昼的跋涉才可以到达。

玉兔二号发现"神秘小屋"的消息引起了大众的关注。尽管在照片上只能看出一个模糊不清的正方体，但网友们"脑洞大开"，一时

你好，太空

间众说纷纭，有人说是"广寒宫"，有人说是"凯旋门"，还有人笃定那就是"外星人基地"。

为了尽快揭开"神秘小屋"的面纱，驾驶员们和玉兔二号密切配合，"昂首阔步"与"精准控制"双剑合璧，玉兔二号在月背"大步"向前，步步逼近"神秘小屋"！

12月27日，玉兔二号迎来第38个月昼的工作，目标仍是继续北上接近"神秘小屋"。它的步子越跨越大，当它距离"神秘小屋"只有10米左右的时候，用全景相机对"神秘小屋"进行了彩色成像。

"啊，什么神秘小屋，原来只是一块大石头啊。"驾驶员们看到照片都很失望，之前远看呈规则形状的"神秘小屋"，竟然是一块大石头。正当大家失落之际，突然，一个驾驶员惊讶地说："天哪！这是玉兔！"大家仔细观看，果然，这块石头像极了一只兔子，栩栩如生，它身边散落的小石块仿佛一根根胡萝卜，这分明就是一只正要进食的

兔子啊。大家都哈哈大笑起来。是啊，因为玉兔号和玉兔二号月球车，大家都喜爱小兔子，看到兔子形状的石头，多么让人感到亲切啊！

"这只'兔子'是月球兔子的化石吧？它一定在此等候了很多年，等着我们的'二兔子'到来。"小航对这个非常感兴趣。

"应该就是一块普通的石头。只是这种巧合让人倍觉温暖。"妈妈说。

2022年1月6日接近午夜时刻，玉兔二号的累计行驶里程终于突破了1 000米大关，达到了1 003.9米！截至2024年1月，玉兔二号月球车仍在月背开展科学探测工作，它是在月面工作时间最长的月球车。

你好，太空

嫦娥五号成功取样返回

一家人泡完温泉回到酒店，已经是晚上了。大家一夜无话，第二天一早吃完早餐，他们就赶往西昌青山机场，乘坐回北京的直达飞机。

从西昌到北京乘坐飞机需要三个小时，在飞机上，小航说一定要再来一次西昌。一是为了观看一次西昌卫星发射中心的火箭发射，二是为了再泡一次温泉。

"奇怪，你这个小吃货怎么没有念叨火盆烧烤呢？"甜甜说。

"享用完精神食粮，当然要去吃火盆烧烤啦。"小航调皮地说。

因为是白天的航班，爸爸看飞机上周围的乘客没有睡觉，因此说话不会影响到别人，就和他们一起聊起了嫦娥五号。

嫦娥五号探测器执行的是首次地外天体采样返回任务，完成探月工程中"绕、落、回"中的最后一个"回"的任务。嫦娥五号于2020年11月24日凌晨4时30分在文昌航天发射场由长征五号遥五运载火箭发射升空。嫦娥五号完成月球表面自动采样任务后，携带1731克月球样品于12月17日凌晨1时59分在内蒙古四子王旗着陆场着陆。

"嫦娥五号可是个大块头，它由轨道器、返回器、着陆器和上升器四个部分组成，总质量达 8 200 千克。这四个部分都分别具备独立飞行能力，可以实现在月面着陆、采样、上升、对接、返回等功能。嫦娥五号携带了多个科学载荷，主要包括降落相机、光学相机、月球矿物光谱分析仪、月壤气体分析仪、月壤结构探测仪、采样剖面测温仪、岩芯钻探机和机械取样器。"爸爸说。

"爸爸，您停一下，我记得嫦娥一号和嫦娥二号都是一件套，嫦娥三号是两件套（着陆器和月球车），嫦娥四号是三件套（鹊桥中继星、着陆器和月球车），嫦娥五号在月球待的时间不长，怎么却有四件套呢？"小航问道。

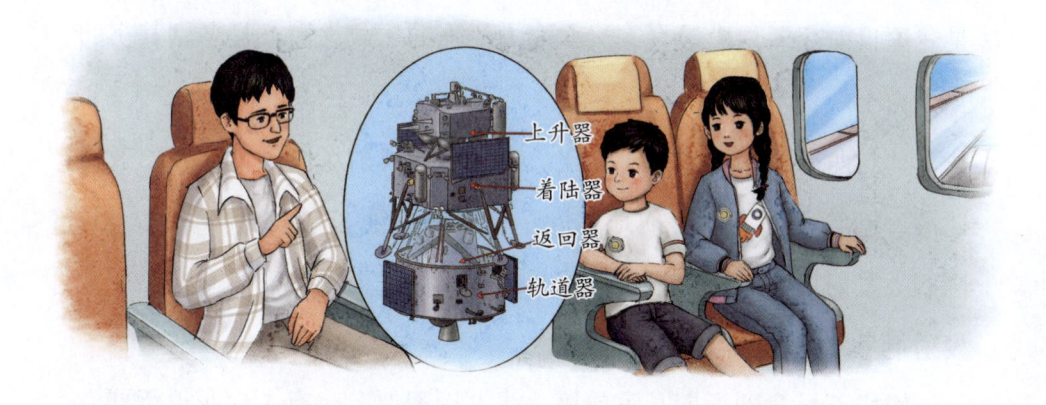

"小航，嫦娥五号的任务比之前的几个'姐姐'任务更复杂，因为采样返回要做的事儿真的特别多。想要采集到月球样品并将它们送回地球，嫦娥五号需要完成两次发射、两次着陆和一次交会对接。要把'绕、落、回'全部做一遍，所以轨道器、着陆器、上升器、返回器四件套，一个都不能少。"爸爸说。

"原来如此，而且，之前嫦娥一号到嫦娥四号都是在西昌卫星发射中心发射的，长征三号甲运载火箭、长征三号丙运载火箭和长征三号乙运载火箭，相继发射了嫦娥一号、嫦娥二号、嫦娥三号和嫦娥四号四个月球探测器。但是，本次嫦娥五号的发射地点却改到了海南文昌，还用的是长征五号发射，这是为什么呢？"小航问。

"嫦娥五号东西多，当然会更重。总质量8 200千克，这远远超出了发射嫦娥四号的长征三号乙运载火箭的能力。只有大运力的长征五号火箭才能发射。长征五号运载火箭被航天人亲切地称为'胖五'，是我国目前起飞规模最大、运载能力最强的运载火箭，是名副其实的'大力士'。

"与西昌卫星发射中心相比，文昌航天发射场纬度低、发射效费比高，同等条件下能够使地球同步轨道运载能力提升15%以上。我国四大发射场中，能执行长征五号运载火箭发射任务的只有文昌航天发射场。"爸爸说。

嫦娥五号拿到了探月家族第一张"返程票"，有了这张返程票，它就要带上月球的"土特产"返回地球。返回说起来轻松，可是并一件很不容易的事情，大概步骤是这样的：从地球上空飞到月球上空，着陆在月球表面，在月球表面采样，从月球表面起飞，飞回地球上空，把样品运回地球。

我们看看嫦娥五号是如何一步步完成的吧。

2020年11月24日4时30分，"大力士"长征五号遥五运载火箭把嫦娥五号四件套送往地月转移轨道，飞向月球。11月28日20

时 58 分，嫦娥五号探测器经过约 112 小时的奔月飞行，在距月面约 400 千米处成功实施 3 000 牛发动机点火，约 17 分钟后，发动机正常关机，嫦娥五号顺利进入环月椭圆轨道。11 月 29 日 20 时 23 分，嫦娥五号探测器在近月点再次刹车，从椭圆环月轨道变为距月面 200 千米的环月圆轨道。嫦娥五号太重了，所以科学家选择通过两次近月制动完成月球捕获。

等到了月球轨道后，2020 年 11 月 30 日凌晨 4 时 40 分，在控制人员的精确控制下，嫦娥五号探测器着陆器和上升器组合体与轨道器和返回器组合体分离。四件套一分为二，分为了"轨返组合体"和"着上组合体"，它们分头行动：着陆器带着上升器登陆月球，轨道器带着返回器在环月轨道一圈一圈转着，随时待命。2020 年 12 月 1 日 23 时 11 分，嫦娥五号探测器成功着陆在月球正面西经 51.8°、北纬 43.1° 附近的预选着陆区，即月球正面风暴洋的吕姆克山脉以北地区，

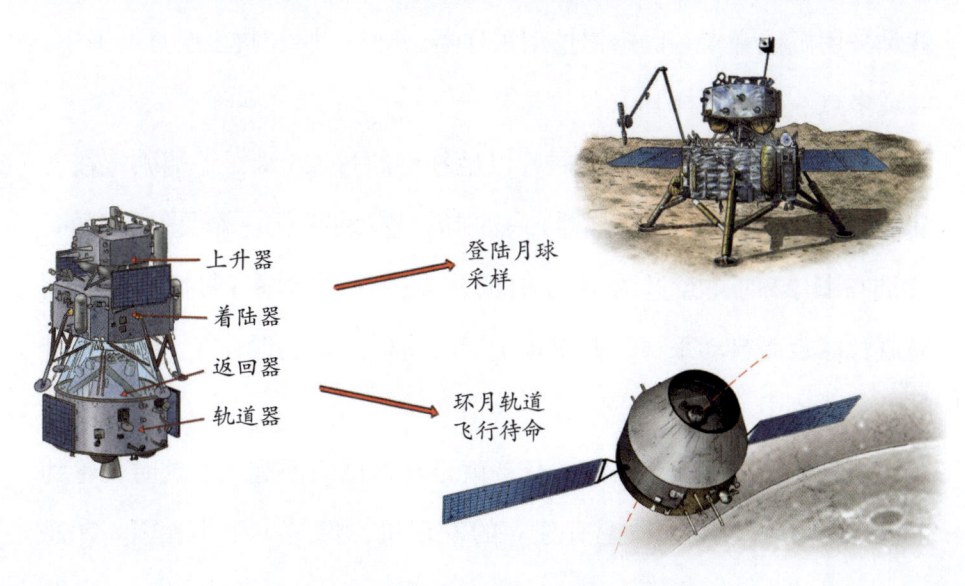

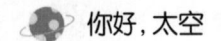

并传回着陆影像图。

然后,最激动人心的环节到了:月面挖土。月面挖土主要是着陆器来挖,它有两种采样方式。

一种是钻孔采样,也叫钻取,就是通过空心钻杆的取芯机构,钻到月球表面两米以下深处,得到深层的样品。

在地面上,电机的耐热极限也就100 ℃,但在月球,月表温度就有100多摄氏度,电钻工作时又会产生热量。嫦娥五号团队通过集智攻关,研制出了能够在180 ℃环境下持续正常工作的耐高温电机。而且,钻机上的钻头也是"百里挑一""千锤百炼",具备对8级硬度岩石的钻进能力。

12月2日4时53分,经过3个多小时的持续作业,嫦娥五号钻取子系统不辱使命,顺利完成钻取采样任务。

另一种是机械臂采样,也叫表取,用机械臂铲取月球表面的土壤。就是采用机械臂末端固定铲挖型采样器,进行表层和次表层月壤采集,实现多点、多次采样。

机械臂有4个关节,伸展开以后长度超过3.5米,一端固定在着陆器上,另一端有两个采样器,一个是铲挖型的,另一个是钻取型的。12月2日22时,经过约19小时的月面工作,嫦娥五号探测器顺利完成月球表面自动采样,并按预定形式将样品封装保存在上升器携带的贮存装置中。

采完样品之后,接下来的任务就是从月球表面起飞。这时就轮到上升器登场了。上升器上有独立的发动机,像是一个小火箭。2020

年12月3日23时10分，嫦娥五号上升器月面点火，3 000牛发动机工作约6分钟后，顺利将携带月壤的上升器送入预定环月轨道，成功实现我国首次地外天体起飞。

此时着陆器的工作已经完成，它被留在月球，成为月球的永久

嫦娥五号上升器月面点火瞬间模拟图

居民了。

下一步，就是交会对接，空中交货了。这时就轮到轨道器和返回器组合体登场啦。它们在空中早就做好了接应准备，等上升器和它们在同样高度后，轨返组合体就会与上升器上演一幕高难动作——无人交会对接。

2020年12月6日5时42分，嫦娥五号上升器成功与轨道器和返回器组合体交会对接，并于6时12分将月球样品容器安全转移至返回器中；12时35分，嫦娥五号轨道器和返回器组合体与上升器成

你好，太空

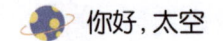

功分离，进入环月等待阶段，准备择机返回地球。

样品交接成功后，上升器的使命完成，按照地面指令受控离轨，最后降落在月球上的预定落点。

返回器独自带着月球样品飞回地球

然后，轨道器带着装着样品的返回器一起轻装上路，从月球上空飞回地球上空。在飞到距地球5 000千米的时候，轨道器把返回器"扔"回地球大气层，它自己则功成身退，留在轨道上继续开展拓展探测（2021年3月19日，嫦娥五号轨道器在地面飞控人员精确控制下，成功被日－地拉格朗日L_1点捕获，成为我国首颗进入日－地L_1点探测轨道的航天器）。

返回器独自带着月球样品飞回地球。2020年12月17日凌晨，嫦娥五号返回器携带月球样品，采用半弹道跳跃方式再入返回，在内蒙古四子王旗预定区域安全着陆。

2020年12月17日，在中国航天科技集团五院，科研人员打开嫦娥五号返回器舱门，取出装有月球样品的容器并进行称重。经过称重，中国首次月球样品采集共计1 731克。

嫦娥五号采样返回任务圆满成功，为"绕、落、回"三步走画上了一个圆满的句号。这是终点，也是起点。

你好，太空

嫦娥六号带回世界首份月背样品

"金窝银窝不如自己的狗窝啊！"经过几天的旅行，回到家后，小航倒在沙发上，调皮地说。

"不是吧？你有点夸张了哈。我看你在外面玩得很开心呢。"甜甜说。

"外面的世界是很精彩，但是总觉得不踏实，回到家，心中的石头才算落地了。"小航像个小大人似的说。

"家是每个人心中最安全的地方。还是回家好。"妈妈笑着说。

嫦娥一号到嫦娥五号探测器都属于无人月球探测阶段，一期"绕"，二期"落"，三期"回"。中国探月工程三期圆满收官后，探月四期已全面启动。2024年5月3日17时27分，嫦娥六号探测器由长征五号遥八运载火箭搭载，在中国文昌航天发射场成功发射，之后准确进入地月转移轨道；5月8日，成功实施近月制动，顺利进入环月轨道飞行；6月2日，嫦娥六号探测器着陆器和上升器组合体成功着陆月背南极－艾特肯盆地的预选着陆区；6月4日，嫦娥六号上升器携带月球样品自月球背面起飞；6月6日，嫦娥六号上升器成功与轨道器和返回器组合体完成月球轨道的交会对接，并于15时24分将月球样品容器安全转移至返回器中；6月25日14时07分，嫦娥六号返回器准确着陆于内蒙古四子王旗预定区域；6月28日，国家航天局在北京举行探月工程嫦娥六号任务月球样品交接仪式，经初步测算，此次采集到月球背面样品1 935.3克，随后，月球样品运输至实验室，正式开启科研工作。

橙圈区域是月球南极－艾特肯盆地，绿框区域是阿波罗盆地南端，即嫦娥六号预选着陆区

嫦娥六号的工程目标有四个：一是突破月球逆行轨道设计与控制技术；二是完成月球背面智能快速采样；三是完成月球背面起飞上升，实现月球背面自动采样返回；四是开展有效的国际合作。其科学目标

你好，太空

有两个：一是在月球背面南极–艾特肯盆地预定着陆点开展区域形貌探测和地质背景勘察，获取与月球样品相关的现场分析数据，建立现场探测数据与实验室分析数据之间的联系；二是对月球背面样品进行系统、长期的实验室研究，分析月壤的结构、物理特性、物质组成等，深化月球成因和演化历史的研究，希望在太阳系早期撞击历史、月背火山活动和月球地质演化等重大科学问题上取得新的认识。

嫦娥六号任务的完成，使我国成为世界上唯一一个两度着陆月球背面的国家，并实现了人类首次从月球背面采集月壤返回地球的宏愿。中国的这一历史性创举，不仅代表着中国在航天领域的技术突破，还为人类探月补上了一块重要拼图。

2024 年 6 月 25 日 14 时 07 分，嫦娥六号返回器准确着陆于内蒙古四子王旗预定区域，实现世界首次月球背面采样后返回

• 嫦娥揽月 •

2024年6月26日下午，科研人员对嫦娥六号返回器进行开舱，检验关键技术指标完成情况

嫦娥六号着陆器和上升器组合体示意图

这天晚上，小航一家人吃完"妈妈牌"炸酱面后，聊起了嫦娥六号。

甜甜说："小航，你知道吗？这次嫦娥六号获得成功，可离不开鹊桥二号中继星的帮助。早在嫦娥六号发射之前，2024年3月20日，鹊桥二号中继星就已成功升空，开启奔月之旅，为正在运行的嫦娥四号和即将开展的嫦娥六号、嫦娥七号、嫦娥八号等探月工程四期任务，

123

你好，太空

在地月之间架起一座新的桥梁。"

"我们不是有一颗鹊桥中继星吗？为什么还要发射鹊桥二号呢？"小航问道。

"小航，鹊桥中继星是2018年发射的，已经在轨工作多年了，处于超期服役的状态。探月工程四期任务开展着陆探测和采样的地点主要位于月球南极和月球背面地区，因此需要功能更广、性能更强的中继星，架设起月球对地球新的'中继通信站'，解决月球背面探测器与地球间的通信和数传问题。科研人员对鹊桥二号中继星进行了攻关。与鹊桥中继星相比，鹊桥二号中继星技术创新更多、技术状态更多、功能更强、接口更为复杂、研制难度更高、任务时间跨度更大。此外，在实施中继通信任务之外，鹊桥二号还携带了多台科学载荷，将执行科学探测任务。听说，除了服务于中国探月工程四期，后续鹊桥二号中继星还可为国内外月球探测提供中继通信支持呢。"爸爸介绍道。

"啊，鹊桥二号听起来好厉害呀！"小航开心地说道，"那么，

鹊桥二号中继星示意图

作为嫦娥五号的备份，嫦娥六号为这次任务做了哪些改进？实现了哪些技术突破呢？"

爸爸说："嫦娥六号从5月3日发射到6月25日返回，用时53天，总的飞行时间比嫦娥五号增加了30天。它不负众望，达成了既定的工程目标和科学目标。作为嫦娥五号的备份，嫦娥六号的整体结构与嫦娥五号基本一致，由轨道器、返回器、着陆器和上升器四个部分组成。但嫦娥六号比嫦娥五号搭载了更多的科学载荷，配置了3台国内载荷和4台国际载荷（嫦娥五号上没有搭载国际载荷）。嫦娥五号的任务是在月球正面采样返回，嫦娥六号的任务是在鹊桥二号的支持下，首次实施月球背面采样返回。为了实现这一壮举，嫦娥六号任务突破了三大关键技术：月球逆行轨道设计与控制、月球背面智能快速采样、月球背面起飞上升。"

"什么是月球逆行轨道设计与控制？爸爸，您能讲具体一些吗？"

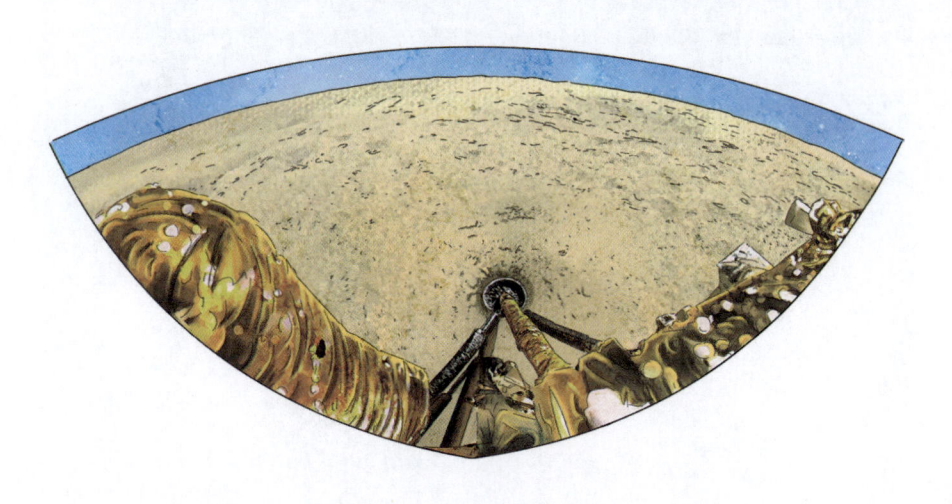

嫦娥六号拍摄的月背影像图

甜甜问。

"甜甜这个问题问得好。在月球上，太阳始终直射在月球赤道附近的区域，如果采用环月顺行轨道方案，那么当探测器在月球南半球着陆时，与嫦娥五号任务相比，就会出现受晒面调转180°的情况，即探测器本应朝阳的一侧处于阴影中，而应当处于阴影环境的一侧处于光照中。这会影响采样过程中的能源供给和采光等。设计师们为嫦娥六号重新设计了一条环月轨道，也就是'逆行环月轨道'方案。

"简单来说，这个方案就是让嫦娥六号在环月轨道上的飞行方向与月球自转方向相反，这样无需调整探测器设计方案，也能保证它随时随地能量十足，顺利化解因着陆点变化带来的朝向、姿态等问题。"爸爸解释道。

这次嫦娥六号着陆器和上升器组合体精准而稳当的完美落月，凝

嫦娥五号、嫦娥六号探测器环月轨道方向示意图

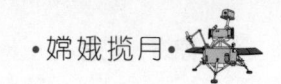

聚了科研人员的无数心血。

相较于月球正面，月背陨石坑更多，地势更为崎岖。为了在"山脉中找平地"，在嫦娥六号出发前，科研人员在选址上下足了功夫。与嫦娥五号任务相比，嫦娥六号任务落点范围缩小了一半，而且在整个落月过程与月面工作过程中，只有鹊桥二号进行支持，所以落月过程几乎全程无法地面干预，完全靠探测器自主执行。

从嫦娥六号着陆器和上升器组合体实际的落月时间和落月姿态看，误差都在设计指标内，这次落月任务是圆满完成的。尤其着陆器和上升器组合体在月背软着陆之前，经受住了"最后一落"的冲击。

组合体上四条轻质、高强度的"纤纤美腿"让它落月更轻盈。每条着陆腿都由一个主腿、两个副腿和一个足垫组成。着陆前，由新型高强合金材料与特殊材料填充制成的主副腿协同工作，着陆时安全支撑住探测器的身体，将各种冲击力传递、吸收。而着陆器搭配的四个足垫，好像四个脸盆大的圆形"大脚掌"，其盆状结构及设计巧妙的"足弓"可起到更好的缓冲作用，防止着陆器在着陆月背时"摔倒"，提升落月时的"脚感"舒适度。

"爸爸，您再讲讲嫦娥六号第二大关键突破——月球背面智能快速采样呗。"小航开心地说。

爸爸说："关于月球背面采样，嫦娥六号做到了采得着、钻得动、封得住、回得来，突破了月球背面智能快速采样技术。相比嫦娥五号，嫦娥六号面临几方面挑战：需要靠鹊桥二号中继星'搭桥'；由于纬度更高，月壤的风化程度不充分，所以对采样装置挑战更大；由于月

你好，太空

背中继通信时长受限，采样时间比嫦娥五号更短，整体工作流程更复杂，难度更大。为此，嫦娥六号表取采样必须快速化、智能化和自主化，显著提高采样效率。因此，研制团队为表取采样过程设计了17个独立的序列程序，能自主判读遥测数据，使表取采样任务减少了约500条器地指令交互，从而将采样时间缩短为14小时。

"表取完成后，嫦娥六号着陆器携带的五星红旗在月球背面成功展开，这是我国首次在月球背面独立动态展示国旗。这面国旗采用新型复合材料和特殊工艺，其中旗面由玄武岩熔融拉丝技术制作而成，具有更强的耐腐蚀、耐高温和耐低温等优异性能。"

"爸爸，我懂了，那么您再讲讲嫦娥六号在月球背面起飞上升方面的突破吧。"小航说。

嫦娥六号着陆器在月球背面成功采样

•嫦娥揽月•

嫦娥六号着陆器在月球背面展示国旗

2024年6月3日，嫦娥六号携带的"移动相机"自主移动后拍摄并回传的着陆器和上升器组合体的合影

爸爸说："与嫦娥五号在月球正面起飞相比，嫦娥六号从月球背面起飞，无法直接得到地面测控支持，需要在鹊桥二号的辅助下，借助自身携带的特殊敏感器，实现自主定位、定姿，工程实施难度更大。测控人员先根据着陆位置、姿态和环月轨道，为上升器计算出了最佳飞行方向和参数，以保障上升器以最省燃料的方式进入交会对接初始轨道。

"起飞时间是零窗口，必须按时起飞，因为月球自转周期大概是28天，一旦错过对接窗口，就得再等28天。所以，到了起飞时间时，制导、导航与控制系统控制上升器主发动机自行点火起飞。

"因为月球着陆点从正面改变到了背面，并受轨道设计和窗口的约束，所以大大增加了这次任务的飞行时间。嫦娥六号在环月飞行段和环月等待段都比嫦娥五号待得久，总飞行时间增加了30天。"

甜甜拿出一个笔记本说："这是我为嫦娥六号做的飞行实录。嫦娥六号任务飞行全过程约53天，由11个飞行阶段组成。"

只见笔记本上整整齐齐地写着：

1. 发射入轨段

5月3日17时27分，嫦娥六号搭载长征五号遥八火箭发射。

2. 地月转移段

器箭分离后，嫦娥六号沿近地点高度约200千米、远地点高度约38万千米的地月转移轨道飞行约5天，其间进行了中途修正。

3. 近月制动段

5月8日10时12分，在离月面高度200千米的近月点附近，嫦娥六号实施了第一次近月制动减速,进入轨道周期12小时的环月椭圆轨道,开始环月飞行。

在这一阶段,它共进行了3次"刹车",比嫦娥五号多了一次,这样可在下降前的20多天里不断调整轨道参数,高精度瞄准着陆点,等待最佳降落时机。

4. 环月飞行段

从5月8日探测器进入环月椭圆轨道开始,直至着陆器和上升器组合体到达动力下降初始点为止。

6月1日,嫦娥六号上的火工装置起爆,在环月圆轨道上完成了着陆器和上升器组合体、轨道器和返回器组合体两部分分离。分离后,轨道器与返回器组合体继续环月飞行,等待上升器进行交会对接;着陆器和上升器组合体则通过实施两次降轨变轨,进入到近月点约15千米、远月点约200千米的椭圆轨道。

5. 着陆下降段

6月2日6时23分,着陆器和上升器组合体在鹊桥二号的支持下成功着陆在月球背面南极-艾特肯盆地预选着陆区。

在动力下降前,着陆器和上升器组合体先与鹊桥二号建立通信链路,然后经过主减速段、快速调整段、接近段、悬停段、避障段、缓冲下降段和着陆缓冲段7个阶段,用时约15分钟,最终在月面预定区域软着陆。

6. 月面工作段

着陆器和上升器组合体着陆后,先后采用钻取和表取两种采样方式对月壤取样。

首先进行持续3小时的世界首次月球背面样品钻取，获取了月背不同深度的月壤样品。然后对月表月壤取样，主要采样目标是月球表面的风化层样品。6月3日清晨，嫦娥六号完成世界首次月球背面样品表取及样品封装。

之后，国旗展开，上升器完成起飞准备。

与此同时，国内载荷、国际载荷开展就位探测；在月球轨道运行的轨道器和返回器组合体通过实施4次调相机动，准备迎接上升器与之交会对接。

7. 月面上升段

6月4日7时38分，携带月球样品的上升器以着陆器为平台，

嫦娥六号着陆器在月背表面进行采样

通过3 000牛主发动机点火，在月面起飞加速至月球逃逸速度（约2.4千米/秒）。点火时产生的上千摄氏度高温使着陆器寿命终止。

上升器月面完美起飞后，在鹊桥二号辅助下，经历了垂直上升、姿态调整和轨道射入3个阶段，顺利进入上升目标轨道。

8. 交会对接与样品转移段

6月6日14时48分，上升器与轨道器和返回器组合体采用了"握手+抱紧"的方式，完成月球轨道交会对接。这是本世纪第2次月轨交会对接。

完成交会对接后，上升器于15时24分将月球样品容器安全转移至返回器中，完成月壤样品转交。此后，完成使命的上升器及对接舱段被轨道器和返回器组合体择机分离。

9. 环月等待段

轨道器和返回器组合体在环月轨道停留约14天，等待月地转移窗口。6月20日，通过轨道器上的3 000牛主发动机实施两次月地转移入射机动进入月地转移轨道。

10. 月地转移段

轨道器和返回器组合体在月地转移轨道飞行5天后，于6月25日抵达地球附近，其间进行了中途修正。

11. 再入回收段

当轨道器和返回器组合体飞行到达距地球高度约5 000千米时，返回器与轨道器分离，并进入高速再入返回跟踪测量链跟踪范围。

6月25日13时41分许，在距地表高度约120千米时，返回器以接近第二宇宙速度（约为11.2千米/秒）用半弹道跳跃式再入大气层，最终通过伞降辅助降落着陆于内蒙古四子王旗着陆场，历时

你好，太空

53 天的地月往返之旅完成。

"啊，姐姐记录得太详细了。"小航说。

嫦娥六号提供了开放的国际合作机会，其搭载了欧洲航天局、法国、意大利、巴基斯坦的国际载荷，这凸显了中国探月工程的"国际范儿"。作为多个国家和组织"集体劳动"的成果，嫦娥六号成功月背采样返回的意义超越了国界，它标志着人类团结合作、和平利用外太空的历史性进步，也让人们对中国 2030 年前实现载人登月、2040 年前建成一个完善型的国际月球科研站增添了更多信心与期待。

嫦娥探月工程未来计划

嫦娥七号计划2026年在月球南极着陆，进行巡视探测，同时飞跃器会飞到月球永久阴影区，进行月球水冰探测。这也将是嫦娥七号任务的一大亮点，也是一大难点。

嫦娥八号计划也是在月球南极附近，跟嫦娥七号有一个联合工作，服务未来科研站的一些前期技术验证和支撑。嫦娥七号和嫦娥八号将会组成月球南极科研站的基本型，有月球轨道器、着陆器、月球车、飞跃器和若干科学探测仪器。

"爸爸，看来在月球南极建设月球科研站，是中国探月工程四期的重要看点。我国为什么要选择月球南极作为目的地？"甜甜问。

"月球南极可能存在极昼和极夜现象，极昼期间可能出现连续180多天的光照，在这里设立科研站，可能更加有利于长时间开展工作。而且，据科学家介绍，我们这次到月球南极去还有一个主要目标，就是希望能够在月球南极找到水。月球南极有很深的月坑，是月球形成时产生的，里面可能有水。而且由于月坑深约10千米，常年不见阳光，里面的水可能以水冰的形式存在。"爸爸说。

"太好了，如果能够找到水，我们的月球南极科研站就可以长时间运行了。"小航开心地说。

"是的，探月工程四期的嫦娥六号、嫦娥七号和嫦娥八号这几次任务的实施，将为我国的月球科研站的建设打下基础。先建一个基本型科研站，之后逐步进行完善，逐步扩展成国际月球科研站。"爸爸说。

"月球科研站都有什么呀？"小航问。

"在未来的国际月球科研站上，会有多个巡视器、着陆器和飞跃器在月球表面连续协调地工作，而且有指挥中枢指挥其一起协同工作。另外，可能要在月球上设立 Wi-Fi，这样就可以保障通信系统指挥畅通，还可以在月球科研站进行月球资源的开采开发。总之，科研站一切工作的核心都是为了空间科学探索和月球资源开发利用。"

"我国建立国际月球科研站意义重大，目前已有多个国家和国际组织表示有意愿参与进来。如果实施成功，具有很大的科学意义，也将充分展示中国在航天领域的科技实力。"爸爸说，"国际月球科研站有可能成为深空探测的中转站。由于月球引力只有地球的六分之一，所以探测器在月球上起飞更容易，深空探测器还可以在月球上补给燃料等。"

"爸爸，听您这么说我都激动了，我们中国人是不是很快就可以登月了，我们有机会去月球科研站参观吗？"小航问。

"小航，我们的嫦娥工程是稳扎稳打、一步一个脚印的。想要实现载人登月，要解决哪些问题呢？答案是三个：新一代载人火箭、新一代载人飞船和月球科研站。"

"我国用于载人登月的新一代载人火箭将于2030年前完成研制；新一代载人飞船预计将于2026年前后具备载人飞行能力；等2028年前后，嫦娥七号和嫦娥八号组成月球南极科研站的基本型后，我们国家把中国人送上月球的技术基础就基本具备了。所以，预计2030年我们的航天员就要登上月球了。随着航天科技飞速发展，小航，你长大了会有机会去月球南极科研站参观的，到时候可能就像去一趟地球的南极科研站一样方便快捷呢。"爸爸笑着说，"载人登月是嫦娥工程的第二阶段，我们之前讲过中国的嫦娥工程分为三大阶段，你还记得是哪三大阶段吗？"

"是'绕、落、回'三个阶段！"小航抢答说。

"哈哈，小航，你笑死我了。你答错了。嫦娥工程三大阶段，是'无人月球探测'、'载人登月'和'建立月球基地'。简单地说就是探索、登陆、定居。'绕、落、回'只是第一阶段'无人月球探测'中的前三期工程。"甜甜说着笑倒在沙发上。

"噢，对，我想起来了。刚才忙着抢答，忘记了……"小航不好意思地说。

"探月工程四期就是要实现建设科研站基本型，为载人登月和国际月球科研站打下基础。"爸爸说。

"祝愿我们的嫦娥工程一切顺利，国际月球科研站早日建成！"小航郑重地说。

甜甜说："我们即将见证无人月球科研站的雏形；2030至2035年，人类将再次踏足月球，短期有人基地为长周期自动化运营奠定基石；2036至2045年，往返地月将成为常态，人类将在月球上长期栖息，一座宏大且功能完备的月球城市将屹立于月球表面，预示着'月球旅行'时代触手可及，我们将亲历这一壮举。真的太期待了！"

"是的，"爸爸说，"关于月球基地的命名，已经讨论很久了，广寒宫几乎成为我们中国人的共识。还有，太阴宫、蟾宫等提议同样富含文化底蕴。未来呀，月球基地不仅有广寒宫，还可能设立玉兔行宫、吴刚别院，甚至天蓬苑社区和桂树岭公园呢。"

星空之梦从来没有这么接近过现实，只要我们一步一个脚印地往前走，量的积累最终一定会带来质的飞跃！梦想成真指日可待！